除了贏，我無路可退

華為任正非的突圍哲學

周顯亮——著

序言　華為與其締造者任正非

一名七十四歲的老人屢屢吸引大眾的目光，不只是因為他的職位和地位，更因為他獨特的思想和個人魅力。

「任正非」這三個字似乎已經有了自己的生命力和魔力，從中能滲透出絲絲鐵漢子的味道。

從六個人到十八萬人，從二萬塊人民幣到六千零六十三億人民幣，從深圳一地到全世界，從代理交換機到世界第一的通信設備製造商，從野臺戲班子到奇特的管理體系，三十年來，任正非創造了太多的奇蹟，多到我們習慣性地認定只要任正非出手，就會十拿九穩；認定只要任正非在，華為的發展就沒有上限。

他是華為狼群的頭狼，是華為的精神教父。他率領十八萬員工征戰全世界，令對手膽寒，卻不得不服。

一名華為離職員工如此評價他的老闆：「在我眼裡，任正非就是神一樣的存在啊。華為一個晶片可以投入十年，即使十年全虧損，他依然敢堅持，別人敢這麼做嗎？不敢。他在華為的股份那麼少，別人敢這麼做嗎？不敢。全世界都不敢這麼做啊，但任正非可以做到。」

作為一家世界性公司的領導者，整合世界資源，打造不同凡響的產品，為全球人民服務，這就是任正非今日的眼界。

二〇一八年，華為在世界五百強企業中排名第七十二位。五年前，華為的排名是第三百一十五位，五年後，華為會上升到第幾位，令人期待，甚至令人戰慄。

任正非有超群的邏輯和眼光，似乎能一眼看穿前進的方向，所以他選擇團結一批人來打造企業，選擇把股份分給所有員工。單憑這份心胸，他已經超出國內絕大多數企業家，是企業家中的異數。一手創建了華為，又給華為構建了一個可以持續發展的管理模式和企業理念，這大概是任正非最自豪的兩件事。

很多資料都在描寫任正非、記錄任正非，他的演說文章我們可以搜到無數篇，卻依然不瞭解他。任正非已經公開他的管理思想，我們看得懂，卻依然學不會。外界對華為總有無限的好奇，有對華為人高收入的羨慕，有對華為人瘋狂加班的恐懼，也有對華為管理體系的推崇，還有對任正非接班人的猜測，眾說紛紜。

他又是一個充滿矛盾的任正非：知名度雖高，卻神祕而低調，極少接受媒體採訪，華為初期甚至有意無意地與媒體絕緣。他曾對華為高層下過不可違抗的命令：「除非重要客戶或者合作夥伴，其他活動一律免談。」他是一個充滿樂觀態度的悲觀主義者，總在擔心第二天華為就會倒閉，預言「華為的冬天」必然到來，可是他又比常人更加樂觀積極地去應對。

他一手創建了華為，引導華為走過三十年，卻說自己最大的問題就是傻、執著，沒什麼愛好，也什麼都不懂，就懂一桶糨糊，將這種糨糊倒在華為人身上，將十幾萬人黏在一起，朝著一個大方向拚死命地努力。

不管如何，任正非都是一個坦率真實的人，不諱言自己的缺點，也不虛偽地掩蓋自己的優點，此謂真人。

同樣攀登聖母峰，任正非偏偏選難走的北坡。無數次的險象環生，他收穫的果實也超出別人百倍。他和華為的創業人員，是真正「從泥坑裡爬出的英雄」。

二〇一八年，華為積蓄著力量，等待著5G時代的到來。華為手機雄飛突進，準備兩年後超越三星和蘋果，但是華為手機打入美國的努力再次被阻截，同業中興也慘遭美國制裁，飽受屈辱。到了這個時候，很多人才恍然大悟，明白任正非當年咬牙堅持發展核心技術是多麼有先見之明。

二〇一八年，任正非七十四歲，已是古稀之年，但他仍領著華為前行。他的思想從未隨著他的身體一起老去，反而愈來愈犀利。看到任正非，大家會完全忘記他的年齡，只注意到他的思維鋒芒。

當我們談論任正非時，我們要談什麼？我們可以抓住任正非一生中的一些關鍵節點來談。一個人的一生總會有一些關鍵的節點，把這幾個節點抓住了，就可以搭上一列高速列車，順利平穩地再走一段路；抓不住，就此被甩下，再難追趕。

創業節點、管理節點、競爭節點、未來節點，這些都是任正非一生中關鍵的節點。支撐任正非在這些關鍵節點做出正確而艱難的抉擇的，是他的邏輯能力，更是他的強者心態，是「除了贏，我無路可退」的置之死地而後生的強大生命力。

技巧、思維、邏輯，人人可學，人人可用，但唯有附著在強大的生命力和信念上，才能爆發出最耀眼的光芒。這才是任正非精神的真正內核。

目次

第九章　任正非給年輕人的五堂課

第一章

華為初心：四十歲的創業者

當我踏入社會多年後才知道，讓我碰得頭破血流的，就是這種不知世事的人生哲學。我大學沒入團，當兵多年沒入黨，處處都處在人生逆境，個人很孤立，當我明白團結就是力量這句話的政治內涵時，已過了不惑之年。想起蹉跎了的歲月，才覺得，怎麼會這麼幼稚可笑，一點都不懂得開放、妥協、灰度（不是非黑即白）呢？

我是在生活所迫、人生路窄的時候創立華爲的。那時我已領悟到，個人才是歷史長河中最渺小的這個人生眞諦。

——任正非，二〇一一年，

《千古興亡多少事，一江春水向東流》

1 野草時代的任正非

如今的「九〇後」、「〇〇後」，已經很難理解那個特殊年代的人了。用「野草」來比喻他們，絕非貶低，而是事實便是如此。

二十世紀八〇年代的中國，是一個真正的野草時代，又是一個真正的大時代。浩蕩的颶風再次席捲中國，沒人能夠逃脫。

原來管控嚴密的社會漸漸放寬限制。那個年代的中國人，天生就像野草，當一批人懷抱著「中華興亡，匹夫有責」的夢想創業，當更多人在「發財致富」的欲望推動下野蠻生長，蜷縮的巨人開始恣意伸展自己的身軀時，全中國爆發出了無比強大的戰鬥力。

失去壓制的野草瘋狂生長，後來，它們有的成為參天大樹，有的半路夭折，有的長成了稀奇古怪的形狀，中國第一代企業家就此誕生，「企業家元年」於焉開始。

在世界歷史中，有一個神祕的「軸心時代」。西元前五〇〇年前後，在中國、印度和西方等國家和地區，人類文化出現密集突飛現象，奠定了各自文化的基礎和模式。那是一個哲學家、思想家百花齊放與群星璀璨的時代，中國有老子、孔子、孟子、墨子等諸子百家，印度出現了釋迦牟尼，古希臘出現了蘇格拉底、柏拉圖、亞里斯多德等。二十世紀八〇年代後的中國，則在經濟方面開始大爆發，四十多年的時間，便讓中國躍升成為世界第二大經濟體。

能夠藉由這股浩蕩的颶風成為一名「捕風者」，是那一代人獨特的機遇和幸運。這種機遇，再也不會有了。

讓我們把鏡頭轉向二十世紀八〇年代初的深圳。幾年後，萬科、中興、華為將在此誕生，再過些年，騰訊也將在這裡登上舞臺。

這是一個剛剛從偏遠貧窮縣城變身特區的淘金之地，中國改革開放的橋頭堡，全中國關注的焦點。

書生氣概的下海者，野心勃勃的悲情英雄，不擇手段、一夜致富的投機者，坑蒙拐騙的不法分子，構成了這座城市的基本樣貌——這是一個令人振奮、充滿激情的城市，也是一個濁浪滔天、魚龍混雜的城市，轉業軍人任正非的下半生，即將牢牢拴在這樣一個地方。

一九八三年，任正非以技術副團級的身分轉業。與普通的轉業不同，任正非轉業是因為國家調整建制，撤銷了基建工程兵。但這並不表示任正非是一名被淘汰者，事實上，他是軍人中的佼佼者，部隊很希望他留下，把他安排到一個軍事科研基地。那是不錯的出路，但已身為兩個孩子父親的任正非還是選擇了轉業。如果任正非當初選擇留在部隊，自然就不會有後來的華為了。

南油集團，是當時深圳最好的企業之一，負責對深圳經濟特區西部約二十三平方公里的區域進行綜合開發建設和管理。任正非與妻子一起復員，轉業至南海石油的後勤服務基地。這一年，任正非三十九歲，馬上屆不惑之年。

就這樣累積資歷，也是一種安穩人生，可惜那不是任正非想要的人生。

任正非從來都是一個不安分、自我驅動力極強的人，在部隊時，他就有過多項發明創造，研製出空氣壓力天平，兩次填補國家科技空白。一九七七年十月，任正非所屬的基建工程兵在北京舉行工作會議，與會的有一千多名領導幹部和先進典範。十月二十四日，黨和國家領導人接見了參加會議的全體代表，表彰了一批工程技術人員，其中就有任正非。

第二年，任正非出席了全國科學大會。參加這次大會的知識菁英超過六千人，其中三十五歲以下的不足一百五十人，任正非就是其中之一。

一九八二年，任正非參加了中共第十二次全國代表大會。擁有這樣耀眼履歷的任正非，看到集團的一些領導麻木度日、得過且過，直來直往的他提出要「承包」其中一家公司，並願意立下軍令狀，結果得到的是白眼。

為了安慰任正非，集團領導安排他擔任一家電子公司的副總經理。

沒想到，任正非在這裡遭遇了人生的第一個「滑鐵盧」：他在一筆生意中被人坑了，公司二百多萬元人民幣貨款收不回來！

在軍隊待過多年的任正非終究還是太單純了，不懂什麼是市場經濟，不懂人心險惡，甚至都不好意思談錢，也不懂得防範別人，就這樣一頭栽進險惡的商業生態圈，結果可想而知。慣做技術的任正非這時還不是商業英才，只是一塊璞玉。

任正非也不諱言自己當初的失敗和窘迫：「走入民間後，不適應商品經濟，也無駕馭它的能力。一開始我在一家電子公司當經理，也栽過跟斗，被人騙過。後來也是無處可以就業，才被迫創建華為。」

二〇一八年，北京著名財經作家吳曉波採訪新東方創始人、天使投資人徐小平，徐小平講述了一個投資案例：他投資了一位在某個領域數一數二的科學家。一年後，這位科學家來到徐小平的辦公室，說要把自己的這項技術變成一種商業模式。徐小平聽完，對這位科學家說：「聽你講完，我恨不得打自己耳光。」其實徐小平不是想打自己，而是想打那位科學家，因為他提出的商業模式簡直愚蠢透頂。那位科學家是科學上的巨人，卻是商業上的侏儒。作為天使投資人，徐小平主要投的就是「人」，看對眼就給錢。

這是他跟無數創業者打交道培養出的直覺。他看人的標準有三個：學歷、經歷和魅力。這位科學家有學歷，也有魅力，但是他沒有商業經歷，所以他是商業的絕對門外漢，如果去做了，一定會碰得頭破血流。

即便是世界排名數一數二的科學家，當他踏入新領域，也比白癡好不了多少，甚至不如一個普通人。

任正非顯然不是那種隨便跨進一個領域就可以做得如魚得水的天才。現實給任正非補上了一堂至關重要的社會實踐課。

雖然從小到大飽嘗艱辛，但當兵後任正非還算順風順水，並慢慢嶄露頭角。人生直落谷底，對任正非而言還是生平第一次。

那時候，內地城市人均月薪資不到一百塊人民幣，按購買力計算，這二百多萬人民幣相當於現在的一億人民幣！在這種情況下，任正非在南油集團的鐵飯碗保不住了。任正非被南油集團除名，他苦求留任，卻遭到拒絕。

遠在貴州的父母聽說任正非落難的消息，不遠千里趕到了深圳，陪伴他。

已近不惑之年的任正非背負二百多萬人民幣債務，上有退休的老父老母要奉養，下有一兒一女要撫養，還要兼顧六個弟弟妹妹的生活。他們一家人擠在深圳的棚戶區，房子只有十幾平方公尺，連做飯、吃飯都只能在陽臺上解決。為了節省開支，父親任摩遜從不上街買香煙，只抽從貴州老家帶來的劣質香煙；母親程遠昭只在市集買死掉的魚蝦，因為魚蝦一死，價格就十分便宜，只在晚上才出門買菜與西瓜，因為賣不掉的菜便宜些。

多年後，已返回貴州的父母親相繼意外去世。子欲養而親不在。任正非悲痛萬分，寫下了那篇著名的〈我的父親母親〉，心中的悲愴、辛酸、內疚和悔恨幾乎溢出紙面，痛恨自己「實際上是一個不稱職的兒子」。

這一年，任正非的婚姻也出了狀況，妻子離開了他。工作和婚姻，人生兩大支柱同時折斷，前行之路陷入無際的迷茫與昏暗，任正非內心的憂憤可想而知。

然而福禍相依，工作上的碰壁與婚姻上的變故，使得任正非開始反思。他慢慢改變過去的孤傲，學會了妥協，學會了灰度哲學。

就是這樣一個簡單的對自我和社會的認識，不知絆倒了多少創業者，其中不乏事業如日中天的企業家。

一九八八年，同樣是轉業軍人，三十二歲的王遂舟也選擇了下海，去鄭州亞細亞百貨廣場擔任總經理。很快地，極具商業天賦的王遂舟就把亞細亞經營成鄭州的象徵品牌，亞細亞的廣告響遍全國。然而幾年之間，這個商業天才一意孤行，四處擴張，「大霧天裡縱馬狂奔」，硬生生毀掉了一手創造的亞細亞奇蹟。

在最後一次集團董事長會議上，王遂舟語氣沉重地反思道：「這次回來，看到商場大樓，就別有一番滋味在心頭——主帥無能，累死三軍。由於我的盲目、草率、想當然爾，帶來的是大批的幹部、員工累死累活，而且效果不好。自己在不惑之年，才真正明白社會的複雜、人世間的殘酷，搞一個企業真的太不容易，我心裡非常慚愧。」

這就是「後車之鑑」。

任正非終於在痛苦中實現了思維的轉變。後來，他有感而發，說：「人感知自己的渺小，行為才開始偉大。」

這時候的任正非，尚承受著雙重痛苦的煎熬，沒有時間去悲傷和怨艾，他必須儘快想辦法賺錢，提供家裡人生活經濟來源，用他一貫的韌性把這個家撐起來。

一個偶然的機會，一個做程式控制交換機的朋友請任正非幫他賣些設備，幾次合作之後，這個已經錯過最佳創業時期的四十四歲中年人萌生了創業的想法。

一九八七年十月，深圳灣畔雜草叢生的兩間「臨時建築」裡，在日後改變了中國，乃至世界通信的華為也於焉誕生。

2 創華為：活下去才有未來

關於華為這個名字的由來，據說任正非當初註冊公司時想不出名字，看著牆上「中華有為」的響亮標語，就拿來作了名字。任正非後來解釋說：「最開始，我們公司是代理國外的產品，但我們一直想自己研發產品，因為光代理別人的產品是不可能將公司做大的。我給公司起名叫華為，意思就是中華有為，要告訴外國人，你們能做的東西，我們不僅能做，而且能做得比你們好！」

華為的註冊資本只有二．一萬人民幣。區區二．一萬人民幣，還是任正非和幾位合夥人湊出來的，可以說，這是一家「四大皆空」（無資本，無技術，無人才，無管理）的公司。

憑藉深圳特區資訊方面的優勢，從香港進口產品到內地，賺取中間差價——這是深圳那個年代最常見的商業模式，深圳相當多的企業都是以這個模式起步。

那時候，深圳遍地都是發財的機會。剛剛改革開放的中國，各種市場都嚴重供不應求，處處都是「藍海」，除了人，什麼都缺。販售衣服能發財，販售磁帶也能發財，只要你有眼光，能吃苦，敢冒風險。

為了生存，早期的華為甚至賣過減肥保健藥品，後來經遼寧農話處的一個處長介紹，華為代理了香港鴻年公司的ＨＡＸ模擬交換機，轉賣給國內縣級郵電局和鄉鎮、礦山等。

小型交換機是通信組網的關鍵設備。當年中國還處於改革開放初期，裝座機電話要排隊批准。一臺家庭電話，初裝費就要四千多人民幣，單位使用者要五千人民幣，排隊要等幾個月甚至一年。那時候，家裡裝一臺座機電話，是非常有面子的事。

市場如此興旺，對交換機的需求也水漲船高，而且客戶買交換機要排長隊，要預付訂金，一般半年後才能拿到貨。當時只要開通５００門的交換機，省領導都會到場剪綵。

當時，中國各類通信設備主要依靠進口，國內雖然有幾百家小型的國營交換機廠家，但技術落後，只能銷售給酒店、礦山等用戶。郵電局進口各類通信設備，僅小型交換機就從七個國家進口，有八種標準，即日本的ＮＥＣ和富士通、美國朗訊、加拿大北電、瑞典愛立信、德國西門子、比利時貝爾、法國阿爾卡特。這就是中國通信史上有名的「七國八制」。

國產交換機品質不佳，進口交換機自然極貴，利潤十分豐厚，每臺高達三百至四百美元，這些國際通信設備巨頭在中國賺得盆滿缽溢。直至一九九三年，中國有超過百億人民幣的真金白銀流入了上述外企的腰包！

雖然對外國巨頭吸血的行為深感憤怒，夢想著國產交換機能與他們平分天下，但任正非早已過了衝動的年紀，他把這種情緒壓到心底，像一匹堅忍的狼，慢慢蓄積力量。畢竟企業首要是生存，而非熱血沸騰地衝出戰壕，讓一顆廉價子彈給打死——那些年，死於這個原因的公司並不在少數。

代理鴻年公司交換機的那兩年非常辛苦，但也為華為賺到了真正的第一桶金。透過轉手買賣和賒帳式的交易模式——先提貨，賣完後再付款，相當於鴻年公司兩年間給了華為一億多人民幣的無息貸款。

當時，只要能搞到進口貨，有多少要多少，根本不愁賣不出去。所以，每當有人在辦公室樓下喊：「貨來啦！」從任正非到其他所有人，全都歡欣鼓舞衝下樓，從大卡車上卸貨，跟過年似的……

如果沒有代理HAX類比交換機的這兩年，華為就不可能生存下來。

更為重要的是，華為建立了自己的行銷網絡和團隊，摸清了通信行業和市場，形塑了自己的風格，並沉澱進骨子裡，成為華為的基因，持續傳承到現在：華為人極能吃苦，做事態度極其認真，遠遠超過其他通信設備商，給客戶留下了非常深刻的印象。

通信設備是一個突發狀況非常多、後期維護時間長的行業，交換機設備經常出狀況，甚至起火。華為代理的交換機價格比從國外進口的低很多，品質比國產的好，只能算作二線產品，所以華為就在服務上做到極致。維護人員二十四小時待命，一出問題，立刻趕往維修，態度非常好，華為的這種服務意識是獨一無二且超前的。相較下，那些國外品牌品質雖然比華為的好，但價格昂貴，後續維修困難，出了問題往往沒人管。中國豐富的人力資源和低廉的人力成本，是華為之後不斷占領國際品牌地盤的重要因素。

這種產品和服務並重的做法，讓華為迅即嶄露頭角，生意愈做愈大，搶占很多品牌的地盤。「一不小心」任正非就把代理做到極致，上游眼紅，動不動就斷貨。剛剛打開的市場、搭上線的客戶眼看就要化為烏有，華為只能高價買貨，低價賣給客戶，貼錢來保住市場。

那段時間，受豐厚利潤驅使，交換機代理公司如雨後春筍般冒出，不到半年，深圳就出現上百家，品質參差不齊，惡性降價競爭，把市場搞得一團糟。一年後，這些賺快錢的「中盤商公司」絕大部分都倒閉了。

靠做代理是成不了大公司的，把握不了貨源，就等於脖子時刻被掐在別人手裡。這給了任正非很大的刺激，影響了任正非的一生。任正非決心研發出自己的交換機。

一九九一年九月，華為決定集中全部資金和人力，開發華為品牌的用戶交換機。五十多位研發人員，工作和吃住都在深圳寶安縣蠔業村工業大廈三樓。同一層樓分隔為單板、電源、總測、準備四個工段，員工們在機器的高溫下揮汗如雨，夜以繼日地作業。庫房、廚房也在同一層，十幾張床挨著牆邊一字排開，床不夠，就在保麗龍板上加床墊替代。所有員工，包括公司領導人，通宵達旦地工作，累了就在床墊上睡，醒來接著做。

這種拚命法，後來成為華為的「床墊文化」傳統。甚至在之後華為漂洋過海到歐洲，向國外公司「亮劍」挑戰，華為員工也會打地鋪，令歐洲人驚訝不已。

連續幾個月白天黑夜地工作，吃住都在公司，工程師們連外頭是颳風還是下雨都不知道。一位元器件工程師在ＢＨ－０３研製成功時，由於勞累過度，眼角膜都脫落了，不得不住院手術治療。

十二月底，設備測試成功，華為終於有了自己的產品，首批三臺ＢＨ－０３交換機包裝、出貨。此時，華為帳面上已無資金，再不出貨，公司便要面臨破產。

這三臺交換機很快取得回款，華為得以繼續營運。這是一次背水一戰的險勝。

接下來，華為火速研製出ＨＪＤ４８等一系列交換機。速度之所以這麼快，得益於前些年任正非的慧眼識英才。

一九八九年，一次偶然的機會，華中理工大學（現在的華中科技大學）的一位教授帶著他的學生郭平到華為參觀。當時郭平剛從研究所畢業，留校擔任講師。一番交談後，郭平就讓任正非特有的抱負、熱情和誠懇給吸引住了，當即留在了深圳。任正非敢於用人的豪邁氣魄在此顯露無遺，他任命郭平為公司第二款自有產品ＨＪＤ４８小型類比空分式用戶交換機的項目經理。

此後，郭平便扎根華為，歷任產品開發部專案經理、供應鏈總經理、總裁辦主任、首席法務官、流程與ＩＴ管理部總裁、企業發展部總裁、華為終端公司董事長兼總裁、公司副董事長、輪值ＣＥＯ及財經委員會主任等。二〇一八年，華為管理層換任，由郭平任副董事長、輪值董事長。

當一個人或企業走上坡路的時候，或許是運氣使然，或者稱做「吸引力法則」，好事總會接二連三地不請自來。

郭平自己來到華為不算，他還推薦了同學鄭寶用。

這是一個天才人物。

鄭寶用，華為員工編號〇〇〇二，僅排在任正非之後。他自小家境貧寒，在長樂一中寄宿的兩年裡，他每兩個星期回家一趟拿地瓜和米，兩小時的路程，沒有鞋穿，他就光著腳走路。

考入華中理工大學後，鄭寶用從大學直升碩士班，畢業後留校帶研究生。郭平推薦鄭寶用的時候，他已經考上清華大學博士班。

鄭寶用來到華為後，大大提升了華為的技術水準，HJD48很快便研發成功。HJD48可容納五百位電話使用者，很受市場歡迎。

HJD48專案結束後，鄭寶用就成了華為的副總經理，兼第一位總工程師，負責華為的產品戰略規劃和新產品研發。此後，鄭寶用陸續擔任華為戰略規劃辦公室主任、高級副總裁。鄭寶用為人隨和，性格直率，大家都叫他「阿寶」。任正非還常常拍鄭寶用的「馬屁」，在會上會下說：「阿寶是一千年才出一個的天才。」華為創建以來相當長的時間裡，鄭寶用是唯一一個敢經常對任正非拍桌子的人。

隨後，鄭寶用帶領研發人員相繼開發出帶100門、200門、400門、

500門的系列使用者交換機。到了一九九二年，華為產值達到一．二億人民幣，利潤過千萬人民幣，而當時華為的員工只有一百人而已。

一九九三年初，華為召開了一九九二年的年終總結大會，任正非第一個發言，他哽咽著說了一句：「我們活下來了。」隨即淚流滿面，再也說不下去。臺下眾人無不為之動容。華為終於熬過了創業的生死線。

八年後，二〇〇〇年，華為已是今非昔比，任正非回顧往事，感慨道：「企業能否活下去，取決於自己，而不是別人，活不下去，也不是因為別人不讓活，而是自己沒法活。活下去，不是苟且偷生，不是簡單地活下去。活下去並非容易之事，要始終健康地活下去更難。」

與他的感慨相呼應，兩年後，任正非迎來了「華為的冬天」：IT泡沫破滅，愛將李一男背叛，母親逝世，思科訴訟，核心幹部流失，公司管理失序，自己患上抑鬱症，還因癌症動了兩次手術……有半年的時間，任正非夢醒時常常痛哭。

創業，何其艱難。企業家表面榮光，背地裡都是高空鋼絲繩上的雜技表演者，戰戰兢兢，焦灼憂慮，永無盡頭。

不過，這是後話。

有了這麼豐厚的利潤，大家是否可以歇口氣，分分營利，品嘗勝利的果實了呢？這就是考驗企業家的時刻。身為企業家，他可以不精通技術，可以請職業經理人鉅細靡遺地管理公司，但他必須時刻把握企業的發展方向，對長遠和短期利益做出明確的抉擇。把公司管理得再好，戰略決策卻失誤，頂多只是個優秀的職業經理人。

這裡就看出職業經理人和企業家的本質區別：企業家必須是領袖，而職業經理人只是高級打工者，無法成為企業家。這也是企業家選擇接班人的大忌。在大家埋頭苦幹的時候，任正非早已把目光投向了程式控制交換機。相較於ＢＨ－０３、ＨＪＤ４８，程式控制交換機技術含量更高，功能更強大，才剛在美、日等先進國家面世，所以價格和利潤更高。一九九二年，任正非孤注一擲，投入程式控制交換機的研發。這也是沒有辦法的事情。現實逼迫著任正非和華為必須不斷向前奔馳，且要跑得比對手快，否則就是死路一條。

一九六五年，英特爾（Intel）創始人之一戈登·摩爾提出了摩爾定律，內容是，當價格不變時，積體電路上可容納的元器件的數目，每隔十八至二十四個月便會增加一倍，性能也將提升一倍。換言之，每一美元所能買到的電腦性能，將每隔十八至二十四個月翻一倍以上。

通信技術的發展，讓所有通信公司都不敢懈怠。

一九九一年，年方三十八歲的解放軍資訊工程學院資訊技術研究所所長鄔江興主持研製出了HJD04萬門程式控制數位交換機（一般簡稱「04機」），一舉打破了中國人造不出大容量程式控制交換機的預言。（只可惜，這一研究成果直到一九九五年，才借助巨龍通信公司實現量產。）

一九九二年，侯為貴的中興通訊研製出了ZX500A農話端局數位交換機。其實，早在兩年前，在侯為貴的主導下，中興第一臺數位使用者交換機ZX500就成功上市了。中興與華為這兩家對手公司，將持續在之後的「四國演義」和「中華大戰」中血腥廝殺，其恩怨延續至今。

隨後，深圳長虹通信設備公司也研製出了2000門數位交換機。

對手正在迅速成長，市場競爭將愈發激烈，普通交換機市場的高額利潤現象將不會維持太久。整個通信行業正從「春秋」過渡到「戰國」，能笑到最後的寥寥無幾，絕大多數交換機企業都將淪為炮灰。

也就是說，華為若停下腳步吃老本兒（其實也沒多少老本兒可吃），每分鐘都可能會被市場和對手淘汰。正所謂「逆流而上，不進則退」，要麼進，要麼死，就是這麼簡單。

活下去，才是企業的硬道理。

除了贏，無路可退。

有趣的是，後來華為成為世界第一通信設備商，任正非卻因為這個行業更新換代太快，競爭太激烈，不止一次感慨當初不懂事，誤上了通信設備這艘「賊船」，現在想下都下不來了：

如果我去賣水果，你也會問我爲什麼去賣水果。但是如果我聰明的話，不走上通信業，也許對我的人生意義會更大。如果我去養豬的話，這時可能是中國的養豬大王了。

豬很聽話，豬的進步很慢，而通信的進步速度太快，我實在累得跑不動了。但不努力往前跑就是破產，我們沒有什麼退路，只有堅持到現在。那時候誤以爲通信產業大，好做，就糊里糊塗地進去了。後來才知道通信最難做，它的產品太標準了，對小公司來說很殘酷。

那時和我們同樣傻走上通信業的公司有幾千家、上萬家，也許他們早就認識到他們的傻，所以轉到別的行業成功了。

但是我們退不出來了，因爲一開業一點錢都沒有了。退出來我們什麼錢都沒有了，生活怎麼過，小孩怎麼養活？退出來，再去養豬的話，沒錢買小豬，沒錢買豬飼料，所以只好硬著頭皮在通信業前行。

3 「通信如海鮮」：任正非的得與失

局用交換機前景誘人，成交一張單，相當於成交幾百張單用戶交換機，但在技術上很有挑戰性。另外，華為並沒有累積局用領域的客戶行銷網，這類關係網絡需從頭開始建立。

最險峻的是對手的改變。之前做用戶交換機，華為的對手不過是國內的一些小型交換機公司和一些「中盤商」，但局用交換機的對手是美國的ＡＴ＆Ｔ、日本的ＮＥＣ、法國的阿爾卡特、瑞典的愛立信等，也就是上面所說的「七國八制」。華為要動這些國際大公司的「乳酪」，簡直就是螞蟻挑戰大象，死了都不會有聲響發出來。

但任正非還是硬著頭皮，頗為悲壯地衝上去。任正非、侯為貴，以及那個時代的很多企業家，既是逐利的商人，也是氣魄雄渾的拓荒者和英雄。

沒料到，這次任正非看走了眼。

華為的第一個局用交換機是ＪＫ１０００，採用空分模擬技術，於一九九三年初研發成功，五月獲得郵電部的入網證書。任正非對ＪＫ１０００寄予厚望，希望它再創輝煌。

但是，任正非錯估了中國通信市場的發展速度。一九九〇年，大陸座機電話的普及率僅為一．一％，而先進國家為九二％，就發展目標來看，到二〇〇〇年，大陸座機電話的普及率最高將為五％至六％，任正非認為ＪＫ１０００足以勝任。實際情況是，二〇〇〇年時，大陸座機電話的普及率已經達到五〇％！

一九九二年初，數位交換機技術在歐美已臻成熟，開始推廣至全世界。而任正非寄予厚望的ＪＫ１０００甫問世，便處於被淘汰的邊緣。

尤為致命的是，華為進入局用交換機這個戰場，立即感受到那些國際巨無霸企業的厲害。他們向中國郵電部提出要求「通信網建設一步到位」，避免重複投資。這一招「釜底抽薪」打在華為技術的「七寸」上，ＪＫ１０００面臨著剛上市就成廢品的命運。

不甘失敗的任正非四處宣傳ＪＫ１０００是適合中國當下國情的，「一步到不了位」，「在選機型時，應根據實際需要來決定」，希望還是先上空分交換機，再慢慢過渡到數位交換機。

在城市毫無勝算的任正非避開對手的鋒芒，主要把目光瞄準對手的薄弱之處——

農村和偏遠縣城，組織了一支技術力和責任心很強的裝機隊伍，走遍大江南北，終於賣出了二百多臺ＪＫ１０００。

ＪＫ１０００的失敗，讓任正非見識到通信技術急速更新換代的殘酷。有人用海鮮來比喻通信產品，稱通信產品就像海鮮，早晨還搶手，說不定到了晚上就再也無人問津。一家看上去紅得發紫的公司，偶爾掉隊，就再也跟不上來了。

對比當下，其實當時的網際網路經濟又何嘗不是如此。

風雲際會，小人物有時候也能脫穎而出。生產線上的工人曹貽安，沒什麼學歷，卻對交換機發展趨勢頗有研究，多次向任正非建議開發數位交換機。這便是華為：英雄不問出處。任正非被他打動，做了備案，類比交換機、數位交換機同時研發。曹貽安也一躍成為開發部副總工程師和數位交換機的負責人。

所以，ＪＫ１０００雖然讓華為繞了些彎路，但並沒有耽誤多少時間。

C&C08 2000門數位交換機的研發領導人是總工程師鄭寶用和專案經理毛生江，原計畫一九九三年五六月分開局（指在某一電信局安裝調試設備，並順利提供電信服務），結果產品一拖再拖，就是出不來。毛生江每天看到軟體經理劉平都要咕噥一句：「再不出去開局，老闆要殺了我。」

十月，專案組實在忍不住了，把還沒有測試完畢的C&C08直接拉到浙江義烏，硬生生開局。果不其然，C&C08就像個脾氣不好的小孩子，呼損（通話中斷）率大、當機、斷線、打不通電話，問題層出不窮。

鄭寶用直接現場指揮，任正非也多次親臨前線安慰，給一線隊伍鼓勵。那段期間，在巨大壓力下，任正非似乎一下老了十歲。

兩個多月後，這個局終於開完了。雖然後續小問題不斷，幾年後替換了新版本，又經過整整八年的持續優化，C&C08總算是在義烏開通了。

客戶對C&C08給予了很高的評價：我們以前安裝的是上海貝爾公司生產的1240交換機。貝爾的同志早就說要開發每板十六個用戶的用戶板，但截至目前還沒有推出。想不到你們公司這麼快就推出來了，而且工藝水準這麼高，你們是走在了前面。

終端採用全中文功能表模式，支援滑鼠操作，並設計有快速鍵說明系統。介面清晰美觀，操作方便，簡單易學，使得操作員們免去了培訓的辛苦，也減少了操作失誤的可能性，他們都十分高興。

大家還把注意力放在C&C08 2000門的時候，任正非想得更遠，他要把

C&C08萬門機研發出來。不過，對當時的華為來說，開發萬門機多少有些雞肋。華為的客戶主要在農村，C&C08 2000門完全夠用，萬門機在農村並沒有市場。為了鼓舞研究人員，鄭寶用打包票說：「你們儘管開發。開發出來，我保證幫你們賣掉十臺。」意想不到的是，後來C&C08萬門機何止賣掉了十臺，而是驚人的幾十萬臺，成為大陸國內公用電話通信網的主流交換機！

繼鄭寶用之後，又一個通信界天才人物——李一男出場了。

李一男，一九七〇年出生，湖南人，十五歲就考入當時的華中理工大學少年班，聰明絕頂，領悟能力超強。一九九二年，李一男讀研二，到華為實習，第二年畢業後就加入了華為。進入鄭寶用領導的萬門機方案組時，李一男還不到二十二歲。

按照李一男的方案，華為研發部訂了近二十萬美元的開發板和工具。沒想到，研究了幾個月後，大家發現這套技術並不適合萬門機，華為根本沒有能力實現這麼快的匯流排。二十萬美元就這麼打了水漂。

一九九三年正是華為財務狀況非常吃緊的年分，很多急需的元件都因缺少資金而無法進貨。替公司造成如此大損失的李一男相當內疚，上班時只要聽到電話鈴聲就開始緊張。幸好鄭寶用門路廣，設法只賠了供應商二十萬元人民幣便了結此事。

任正非對於研發部的失誤並不太在意，他從不以一時的成敗來論英雄。「我不覺得跌倒可怕，可怕的是再也站不起來！」華為的企業文化精髓不在於百戰百勝，而是在戰局不利的狀況下培養出不屈不撓的奮鬥精神。

他很清楚通信業界的研發多麼燒錢、成本多麼昂貴，「高投入，高產出」是唯一的道路。在企業起步階段，對研發人員有過多的責任要求，必然會令其有綁手綁腳之感，瞻前顧後，只求穩當，不致力求出成果。

強烈的冒險精神和容忍錯誤嘗試的寬大胸懷，是任正非的華為和侯為貴的中興間，最重要的差別，也是造成華為和中興差距愈來愈大的根源。

幾年後，華為在財力上終於比較優渥了。一九六六年，華為計畫投入一億多人民幣的研發經費，年終結算時發現竟然還剩餘幾千萬。任正非很不高興地說了一句：「不許留下，全部用完。」這筆經費實在無處可花，無奈之下，開發部只好把開發設備全換新。

任正非太需要優秀的技術人才了，對於李一男，他有說不出的喜歡，給了李一男非比尋常的升遷和施展才能的空間：

兩天，升任華爲工程師。
半個月，升任主任工程師。
半年，升任中央研究部副總經理。
兩年後，被拔擢爲華爲公司總工程師／中央研究部總裁，接任鄭寶用。

二十七歲，李一男坐上了華為公司的副總裁寶座。

在當時華為所有高層中，李一男是年紀最輕的，其他人基本上比他大十歲以上。李一男能在華為最關鍵的部門當老大，讓其他高層心服口服，可見其天分和能力。李一男被任正非親切地稱為「紅孩兒」，甚至一度被傳為「華為的太子」。正因如此，當二〇〇〇年李一男「出走」，成立港灣公司，與任正非爭奪天下時，任正非異乎尋常地懊悔、痛心和惱怒，最終把港灣完全收購，方洩心頭之恨。

就在大家一籌莫展之際，鄭寶用和李一男共同想到將光纖作為交換機的連接材料。後來的事實證明，華為採用的准SDH技術是一項創舉，不僅在中國，在國際上都是最先進的！

C&C08萬門機的第一個實驗局選在了江蘇邳州。邳州郵電局之前採購過上海貝爾的一批S1240交換機，想要擴大規模時，貝爾卻無法及時供貨。國際大公司感知慢、行動遲緩的弱點暴露無遺，這才給了華為C&C08萬門機挑戰的機會。

但華為的萬門機在外在形象上失分不少，功能上也是故障頻繁。先是跟上級局聯繫不上，打不了跨局的長途電話。一個多星期的時間，李一男他們換了新的中繼板、中繼線，故障依舊；任正非從總部派來了一組又一組硬體開發人員，還是找不到問題的所在。

眾人束手無策，心生絕望，李一男甚至心灰意冷地對劉平說：「我可能做不下去了，以後你接著做。」天無絕人之路。一個偶然的機會，硬體負責人余厚林發現原來是交換機接地線沒接好，問題於是迎刃而解。沒想到，接下來出現的問題更為棘手。由於程式處理的錯誤，C&C08萬門機有時會忘記釋放空間，累積下去，所有的空間資源都會用光，交換機也就癱瘓了。一個多星期的追蹤都沒有解決這個問題，他們只好用了一個「半夜雞叫法」：每天半夜兩點，軟體自動重啟，釋放所有空間。如果這時候還有用戶打電話，就會突然斷線。「半夜雞叫」一直持續了大半年時間，經過多次版本升級才得以解決。

不管怎樣，華為終於後來居上，正式取代貝爾，成為邳州郵電局的第一批產品合作企業。

C&C08在華為發展史上，在中國通信發展史上，都有著重要的意義，標誌著華為終於在通信市場站穩了腳跟。一九九七年，華為的C&C08數位程式控制交換機獲得了國家科技進步獎二等獎。

這也是一次「賭國運」的冒險，如果C&C08失敗，華為將不復存在。C&C08對華為來說，不是一個簡單的產品，而是華為發展的基石，之後的傳輸、移動、智慧、資料通信等產品，都是從這裡發展而來。甚至很多華為人選數字都喜歡「08」，有著濃厚的「08機」情結。

C&C08也是華為的「黃埔軍校」，為華為培養了一大批幹部。華為的大部分副總裁都是從這項產品中出來的，中研部的歷任負責人全部由C&C08出來的人擔任，至於在公司各部門當總監的就更是數不勝數。

當年，華為的工程師們八月到邳州，原想能在國慶日前趕回深圳過節，沒想到直至十月中旬開局才結束。

最終驗收的時刻，任正非從深圳趕到邳州。聊到興起，任正非激昂地預言：「十年後，華為要和AT&T、阿爾卡特三足鼎立，華為要占三分之一天下！」

當時眾人哄堂大笑，心想：「老闆又在說大話了。」

這並非任正非心血來潮。同年八月初，全國各地一百多名客戶代表到華為開會，任正非就發出了豪語壯志：「歷史將我們推到了不進則退的地步，面對這嚴峻的形勢，我們會更加努力奮發，迎接挑戰，爭做中國第一，進入世界通信八強之列，把外國機器擠出中國市場，並努力擠進國際市場，在東南亞市場、俄羅斯同美國共同瓜分市場。我們有信心為我國通信事業做出貢獻，我們將不惜任何代價。」

要知道，當時的華為僅僅是一家民營小公司，一九九三年營業額僅有四．一億人民幣，雖然比上一年成長了三倍，但與AT&T、阿爾卡特相比，完全不是一個級別的。別的不說，AT&T的貝爾實驗室一九九三年的科研經費就達三十億美元！

沒想到十年後，二〇〇三年，華為的營業額就達到了三百一十七億人民幣，比一九九三年成長了七十六倍，而AT&T和阿爾卡特竟然在華為的競爭逼迫下，被迫聯合起來才能與華為相抗衡！

而到了二〇一八年，華為的營業額已經達到了驚人的六千零三十六億人民幣，是將近一九九三年的一千五百倍！

歷史再次證明了任正非的眼光和實力！

4 偉大始於卑微：企業家是如何煉成的

從一九八七年華為成立到一九九三年C&C08萬門機成功開局，任正非和華為跌跌撞撞地闖過來了。華為已經度過最危險的生存期，從幼童成長為青年，可以走上擂臺，與國際大企業和國內競爭對手過招了。

每一個成功的企業家自然有其成功的祕訣，從中細細分析，我們的確能看出有一條明確的主脈絡在引導著任正非的成功，讓任正非一開始就走在正確的道路上。

1. 不拚命就會死

華為是在中國長期貧弱、通信業界整體落後多年的形勢下創立的，雖然趕上了國內通信業界的巨大「浪頭」，但浪頭大，競爭也就大。剛出生，華為就要面對諸多國際大企業的打壓，要面對國企、同業的競爭，要面對貸款政策的歧視，要面對用慣了進口設備的官員的不信任。一個沒有政府背景的民營企業，一個從0到1的企業家，除了拚命，別無他法。

任正非選擇的這條路可說是備嘗艱辛，險象環生。任正非親口講過兩個例子：

有一次，爲了挽救一個地方市場，華爲高層某管理人員親自趕往瀋陽。當知道該客户要在一家旅館與愛立信洽談時，剛抵達瀋陽的他沒顧上喝一口水，就立刻趕到旅館大廳守候。由於不知道客户什麼時候談完，他就一直守在那裡不敢離開，連飯也不敢吃。直到深夜一點半，那名客户終於出來了。那位華爲高層立即上前搭話，但對方撂下一句「沒有時間」就走了。

還有一次，某年的冬天，華爲的一名博士在北京首都機場接一名重要的客户，因爲飛機延遲，那名博士在寒風中站了四個多小時。終於，重要客户到了，看到有人接他自然很高興，但是當知道不是AT&T的接待人員時，扭頭就走。

然而，即便遭受這般輕視和羞辱，任正非帶領的華為人也只是默默承擔忍受。

跨國公司把主要城市占領了，任正非就只能搞「農村包圍城市」，去做那些條件差、利潤微薄的偏遠市場。

華為人張建國一九九二年被派到福建，天天開著一輛破舊的吉普車在各個縣城和鄉鎮跑。三年下來，他對各個縣城的分布瞭如指掌，隨手就能畫出一張福建的縣級區位地圖。

一九九四年，剛剛加入華為不到兩年的李傑被調任行銷，任正非在大會上問他：「你們一年最多能跑多少個縣？」李傑拍拍腦袋回答：「五百個吧。」任正非說：「那我就按五百個縣訂指標，你們去跑。」

於是，十多個人，開著公司配備的五六部三菱吉普和兩部奧迪車，從深圳奔赴全國各地的縣郵電局，推廣華為剛剛研發出來的局用交換機。每個縣差不多需要三天時間，每個人跑了四五十個縣，花了兩年時間，跑了五百個縣，累積了幾尺厚的客戶資料……

一九九四年夏，華為剛剛完成上海市話局增值業務平臺系統開局，正好趕上一次全國電信高層會議在上海召開。這是一個向全國營運商展示華為的絕好機會，華為立即決定將萬門機運到會場，搭建一個展示平臺。

但是留給華為的準備時間不多。華為上下都行動起來，不到五天時間就完成了設備運輸、展位元搭建、設備調試的全部工作。

當天，在會議現場舉凡觀摩過華為產品的專家、政府官員，都對華為的技術大為震驚。

有一次，華為的交換機賣到湖南，可是一到冬天，很多設備就短路。現場查不出原因，技術人員就把故障的設備拉回深圳，一幫人琢磨到底是怎麼一回事。後來，他們發現單板上有水漬，懷疑那是老鼠的尿。於是一名年紀較大的員工就走了出去，一會兒之後就端回了一小瓶橙黃色的液體，說那是老鼠的尿。往單板上一澆，頓時劈里啪啦一陣響，伴隨著電光火花，研究人員一片歡呼，不顧臊臭，撲上前查看起火點。最後他們確定，尿裡所含的成分是斷電的原因。湖南冬天冷，老鼠就跑到散熱設備裡做窩，順帶撒尿。他們針對這一具體問題進行了產品改造，很快就把問題解決了。

一九九四年，華為第一次參加北京國際通信展，華為的展覽攤位上掛出了「從來就沒有救世主，也不靠神仙皇帝，要創造新的生活，全靠我們自己」的標語。這並非刻意標新立異，它恰恰是華為過去數年的真實寫照。

這種艱苦奮鬥的精神，深深地烙印在華為人的身體裡，滲透進華為人的骨子裡，哪怕後來華為超越朗訊、愛立信，成為通信業界第一，任正非也從不放棄強調艱苦奮鬥。「圖功易，成功難；成功易，守功難；守功易，終功難。」艱苦奮鬥很多企業家都做得到，但達到該行業第一，卻仍然「偏執狂」般保持艱苦奮鬥精神，並時刻敲警鐘提醒自己，身體力行整整三十年，這樣的企業家能有幾個？

2.終身學習，有開闊的視野

何以要將這一條放在第二位？「終身學習，有開闊的視野」，看著這簡單的十個字，其實很大程度上決定了企業和企業家的未來。

除了勤奮、耐勞，二十世紀八〇年代的中國企業家其實還有一個顯著的特點，便是他們受成長環境的影響，往往有著「敢教日月換新天」的豪情壯志，膽大如斗。然而「膽氣有餘，素養不足」是當時相當多企業家轟隆隆成功、嘩啦啦失敗的根本原因。

受制於時代，一代人往往只能在一個時代呼風喚雨，解決一代人的問題，新時代到來，自然有新人輩出，前浪也會很自然地死在沙灘上。新陳代謝，萬物莫不如此。放眼四周，我們會發現無數這樣的例子。

任正非卻跳脫出來了。作為中國第一代企業家，他在新的網際網路時代依舊縱橫馳騁，甚至愈戰愈勇，這便是「學習」的力量。

一九六三年，任正非就讀於重慶建築工程學院（現已併入重慶大學），尚差一年畢業的時候，「文革」開始了。父親被關進了牛棚。因掛念挨批鬥的父親，任正非趕著火車回家看望父親，路上還挨了造反派和車站工作人員的打。父親囑咐他說：「記住，知識就是力量。別人不學你要學，不要隨大溜（從眾）。」

任正非回到重慶後，把電子電腦、數位技術、自動控制等專業技術自學完，還把樊映川的《高等數學習題集》從頭到尾做了兩遍，接著學習了邏輯學、哲學，精讀《毛選》四卷。他還自學了三門外語，當時已達到可以閱讀大學課本的程度。

直到六十多歲，任正非還在學習外語。他說過：「如果是坐兩個半小時到北京的飛機，我至少看兩個小時的書。我這一輩子晚上沒有打過牌、跳過舞、唱過歌，因此我才有進步。」

萬向集團董事會主席魯冠球就說：「過去總覺得網際網路僅僅是一種工具，企業裡有人用就可以了，沒必要每個人都懂、都用，總覺得滑鼠裡點不出萬向節。現在不同了，孫子、外孫回來都跟我講網際網路，網際網路已經從一種工具變成一種思維、一種文化、一種工作和生活的狀態，列印產品也已經近在眼前了。怎麼辦？只有下功夫學，善學者能，多能者成。」

要知道，這是一位一九四五年出生的老年人的話，他已於二〇一七年十月辭世，真正的活到老，學到老。

Facebook（臉書）的創始人祖克柏每年都會設立一個目標，如二〇一〇年是學中文，二〇一二年的挑戰是堅持每天寫程式碼，二〇一五年是每週閱讀一本書，他全部做到了。

一九九一年秋天，任正非第一次到美國考察。「人才—科技—經濟」的良性迴圈給任正非的震撼最大：「愈繁榮就愈發展科技，愈發展科技、愈重視教育就愈人才輩出，愈人才輩出，經濟就愈繁榮，如此走入一個良性的迴圈……美國將經久不衰。」

二十多年後的二〇一六年，他對美國的評價更加深刻入微，並著眼運用於華為：「美國是最自由化的國家，美國的思想和商業文明燦爛輝煌，五彩繽紛，像焰火一樣，其實『燦爛』的另一個名詞，就是『混亂』。一定要有一個主心骨（核心力量）、主航道，一支鐵一樣的隊伍，才能使燦爛變成輝煌。但美國也有鐵一樣的軍隊，保障國家堅定的發展方向。美國名牌大學，凝聚了世界菁英、燦爛的思想，若無集中度，也會耗散掉。美國軍隊是最遵守紀律、最自強不息的組織，大量的優秀軍人，後來成為美國總統、企業家，凝聚了這些創新力量。華為公司要持續開放，也要有鐵一樣的力量，在崗、在職的人要英勇奮鬥，這就是我要建設戰略預備隊的核心。我們也需要一支有鐵的紀律、鐵的意志的隊伍。」

觀察美國近三十年的發展歷程，雖然有種族問題、自由的弊端，但它仍然保持著強大的持續創造力，新的領袖企業不斷出現。美國本土製造業衰落的同時，更多的國家和地區成為它的製造工廠，而且美國本土資訊產業崛起，彌補了製造業衰退帶來的問題，所以美國是升級了，而非衰落了。

二〇一五年，馬雲在香港演講，感慨道：「（當初）出現ＩＢＭ的時候，我想，完了。（然後）這個世界出現一個微軟。出現一個微軟後，我們覺得根本不可能了，來了一個雅虎。雅虎之後來了一個谷歌，谷歌之後來了一個亞馬遜，亞馬遜之後來了一個Facebook，Facebook之後來了一個阿里巴巴。阿里巴巴以後，一定還會有層出不窮的公司。」

二〇〇一年，任正非考察日本歸來後寫出了有名的《北國之春》，又提出要向日本人學習勤勞、忍耐和認真，學習德國人的執著，為「華為的冬天」準備好棉襖。

一個肯終身學習的企業家，才是讓員工和客戶放心的企業家，才是能夠帶領企業走向未來的企業家。

3.善用人，全員持股

在ＢＨ－０３、ＨＪＤ４８、Ｃ＆Ｃ０８的研製過程中，一大批人才在鐵與火的戰場上冒了出來。鄭寶用、李一男、劉平、毛生江就不用說了，三十年後的華為，相當大比例的中高層幹部都是在那段期間加入華為並嶄露頭角的。

什麼樣的人能做領袖？

答案是，能夠把一大批菁英聚合起來，為了同一個理想奮鬥並不斷贏得勝利，給員工超出預期的回報，讓員工充滿成就感和榮譽感的人。

像劉邦、曹操，舉重若輕，能夠吸納各方面、各層次的優秀人才，使其各自發揮能力。與之對應，張良再智謀無雙，也做不成領袖；諸葛亮愈是鞠躬盡瘁，事無巨細，愈是不能成為領袖。

這也就是任正非自己說的：「我什麼都不懂，就懂一桶糨糊，將這種糨糊倒在華為人身上，將十幾萬人黏在一起，朝著一個大的方向拚死命地努力」。很多人不理解任正非這段話的重要性，誤認為這是任正非隨口的自謙，其實這恰恰點明了身為一個企業家的核心素質。

前文提到的曹貽安，一個沒有文憑的生產線工人，就因為多次提醒任正非要抓緊研究數位交換機，被任正非破格拔擢為開發部副總工程師、數位交換機部門負責人。雖然曹貽安能力有限，漸漸淡出華為的高層決策圈，但就算「千金買馬骨」也值了。

任正非肯給錢，華為的高薪資是出名的，這個「傳統」由來已久。任正非曾經頗為自得地說：「華為二十多年來成功的祕訣就是『分錢』。把錢分好，很多問題都好解決。」

二〇一三年，任正非將其歸納為「力出一孔，利出一孔」。後來，任正非對其進行了進一步發揮：「大家都知道水和空氣是世界上最溫柔的東西，因此人們常常讚美水性、輕風。但大家又都知道，同樣是溫柔的東西，火箭可是空氣推動的，火箭燃燒後的高速氣體，通過一個叫拉瓦爾噴管的小孔擴散出來，產生巨大的推力，可以把人類推向宇宙。像美人一樣的水，一旦在高壓下從一個小孔中噴出來，就可以用於切割鋼板。可見力出一孔其威力。」、「如果華為能堅持『力出一孔，利出一孔』，下一個倒下的就不會是華為。」

前文提到的劉平（後來成為華為副總裁）一九九三年從大學辭職，加入華為。那時華為新招人員的薪資標準是本科生一千人民幣，碩士一千五百人民幣，博士二千人民幣，特招人員除外。劉平在學校的薪資是四百多人民幣，在華為的薪資是一千五百人民幣，但他二月只上了一天班，結果拿到了半個月的薪資。三月，劉平的薪資就漲到了二千六百人民幣。每個月薪資都會調漲，到年底時，薪資已經漲到六千人民幣。不過，這些薪資他並沒有全部拿到手，每個月他只能拿到一半的現金，另一半則記在帳上。

後來任正非跟他們聊天時說：「我們現在就像紅軍長征，爬雪山過草地，拿了老百姓的糧食沒錢給，只有留下一張白條，等革命勝利後再償還。」這些帳上的薪資後來變成了華為的股份，最後持有人都得到了回報。任正非毫不含糊地兌現了他的諾言。給予招攬來的菁英高薪資已經很厲害了，任正非又有一個獨創的「全員持股」模式：建立了員工持股制度，雖然只是個雛形。

創建公司時設計了員工持股制度，透過利益分享，團結起員工，那時我還不懂期權制度，更不知道西方在這方面很發達，有多種形式的激勵機制。僅憑自己過去的人生挫折，感悟到與員工分擔責任，分享利益。創立之初我與我父親相商過這種做法，結果得到他的大力支持，他在三〇年代學過經濟學。這種無意中插的花，竟然今天開放得如此鮮豔，成就華為的大事業。

華為公司是大陸第一批實現全員持股的公司之一，任正非僅占華為公司股份的一．四％，其他九八．六％的股份由員工持有。華為的內部股份並非一次性分配完，而是動態性地不斷擴充配額。在華為工作的時間愈長，得到的分紅就愈多，而且分紅之多讓基本薪資相形下顯得並不重要。一九九二至一九九六年，每年的分紅比例都高達一〇〇%。二〇〇一年，內部股份改為虛擬受限股。員工離開華為時，便不能繼續持股。這在中國是絕無僅有的。絕大多數企業家都沒有任正非的魄力，更沒有像他那般對金錢的抵抗力。

回想任正非上高中的時候，正趕上三年困難時期，當時家裡連飯都吃不飽。高三時，任正非在家複習功課，準備參加聯考，有時餓得實在受不了了，就把米糠、菜和一下烤熟吃。當時家裡還有一點兒存糧，任正非卻不敢隨便抓一把，因為他知道父母和弟弟妹妹也在挨餓，自己偷吃了，弟弟妹妹就可能餓死。任正非後來回憶說：「我的不自私也是從父母身上學到的。華為今天這麼成功，與我不自私有一點關係。」

「財聚人散，財散人聚」，別的企業家萬難逾越的關卡，任正非早已悄然度過。入伍後，任正非多次立功，卻因為身分問題，一直沒有通過入黨申請，只能得一個「學毛著標兵」的榮譽，看著自己帶的兵一個個立功受獎。這讓他習慣了不得獎的淡然。

無恆產者無恆心。員工普遍持股，讓華為獲得了別家公司沒有的持續驅動力和凝聚力。與上市公司相比，華為的內部股份制度讓華為免除了控制權被外人和資本剝奪的風險，也避免了上市公司常有的短期逐利思維，讓公司可以根據長期規劃投資那些短時間看不到效益的研發工作，慢慢成長為大公司。

我們下一章提到的美國電信巨頭ＡＴ＆Ｔ公司，之所以從巔峰跌落，其中一個原因便是公司股東盲目追逐股市短期暴利，漸漸扼殺了ＡＴ＆Ｔ的生機。

擴及政治領域，我們也會發現類似的現象。歐美國家已經出現了基礎設施落後的跡象，一些大型基礎工程往往無人關注，無人統籌。一利必有一弊，這便是民主選舉制度「抓小放大」的弊端所致。

4.中國人特有的聰慧狡黠，卻能堅持「以奇勝，以正合」

創業百事艱難，條件艱苦是一方面，忍一忍，想辦法克服就是了，但是通信設備總是需要做測試的，華為沒錢買，又該怎麼解決呢？

中國人特有的聰明才智就在這裡體現出來，總能發明些土方法來替代。技術人員用萬能表和示波器來測試交換機，用放大鏡一個個檢查電路板上成千上萬個焊點，效果竟然也不差。後來，硬體部經理徐文偉還專門寫了一篇文章，題目就叫〈用萬能表及示波器來認識交換機〉。中國人的聰明無與倫比。舉一個例子：

薩蘇在他的《京城十案》一書中寫道，「文革」後，美國紅色農業專家韓丁來到中國，推動三件農業「大殺器（大規模殺傷性武器）」

——康拜因、噴灌和免耕法。

「那時候薩娘（薩蘇之母）剛調回北京不久，三十幾歲，正是拚事業的時候，她的同事也差不多。雖然十年浩劫讓大多數人生疏了業務，然而一旦投入工作，這幫中國人的本事即便是作為朋友的韓丁也料想不到。比如，韓丁帶來的脫粒機，核心部件是根滿身刺的鋼輥，這邊進去老玉米，上面的玉米粒立即被鋼輥上的尖刺抓住，那邊出來就是玉米粒和『剝光』了的玉米莖，確實神奇，不過售價也讓人吃不消。這種帶鋼刺的輥子中國沒有生產設備，看來不得不進口美國的了。結果薩娘他們弄了個黑鐵軸，找了名青年焊接工不斷對著電焊上頭，一點就是一個尖刺，一會兒工夫就把美國帶專利技術的玩意兒給做了出來，造價等於進口的千分之一。韓丁先生抱著這根鐵輥轉了三圈，差點兒拿那狼牙棒似的玩意兒砸自己腦袋。」

但聰明勁兒也往往會壞事，憑小聰明而不肯用功，淺嘗輒止，好幻想而不肯踏實工作，喜好誇誇其談而眼高手低，過分強調精神上的「艱苦奮鬥」無視技術上的落後，不過是一種聊以自慰的精神勝利法。

任正非深知測試設備的重要性，眼前的替代方法終究是暫時的游擊戰，一有能力，就趕緊轉為正規化，「以奇勝，以正合」。這才有了一九六六年華為的「二次革命」。也正因為「二次革命」，華為才具備了成長為行業領袖和國際企業的潛質，安然度過了企業成長的第二個關鍵節點。

「以奇勝，以正合」，是堂堂正道，卻只有極少數人能夠做到。大部分人受資質所限，學不會靈活機變，一小部分人則是生性聰明狡詐，喜歡「奇謀」的速成，目標伸縮變換，養成了「繞著走」的習慣。只有極少數人能胸懷大志，踏實做事，又不乏權變，這類人便是天生的領袖。

任正非以交換機起家，卻能堅持做自己的技術，創建自己的品牌，不肯把脖子伸過去讓上游掐住，這才是堂堂正正的企業之道。

5.死咬住技術不放

改革開放初期，中國技術落後，政府不得不用市場換技術，相當多的企業走上了「貿工技（貿易—工廠—技術）道路」，迅速成長起來，誕生了一大批成功的企業。

但這些企業並沒有抓住這千載難逢的幾十年的寬鬆機會研發出自己的核心技術，

而是選擇了容易走的那條路，滿足於加工、組裝，熱衷於通過惡性價格競爭來擊倒對手，尤其是打垮本國企業，並沾沾自喜。當人口紅利、政策紅利、市場紅利逐漸消失時，在國際大環境突變的局勢下，我們就看到了很多當初搭順風車而風生水起的著名企業被高速列車甩了下來。其情形，一如當下的網路經濟，浪頭轉移，便留下一地輸到慘不忍睹的創業者。

華為與之截然相反，走的是「技工貿（技術—工廠—貿易）道路」。任正非的目標始終很明確，就是占領中國市場，開拓海外市場，與國外同業抗衡。所以任正非從一開始就選擇了緊跟世界先進科技，研發自己的核心技術，形塑自己的核心競爭力，發展民族工業。這條路之艱險，嚇退了絕大部分的中國企業家，但「滄海橫流，方顯英雄本色」，最為重要的是，如果想成就一家百年企業、成為一家國際大企業，僅憑一副虛胖的空殼是不足以支撐遠航的。沒有鋼筋鐵骨，何來精氣神？沒有科技支撐，何來工業獨立？沒有核心競爭力，如何抵禦全球環境變化，抵禦大浪衝擊？

二〇一八年中美貿易戰，讓很多人認清了缺少核心技術的危險，可惜，時過境遷，很多企業和企業家已經無法回頭，悔之已晚。為了擁有自己的技術，任正非投入了巨額的資金，堪稱把命都押在了研發上，承受的壓力是常人無法想像的。

王健林創業初期，某銀行承諾提供他們一筆二千萬人民幣的貸款，結果負責人事後反悔。王健林去他部門堵人，去那位負責人家裡堵，前前後後跑了五十幾趟，那位負責人都不肯見他，貸款最後也沒批下來。這反倒刺激了王健林，他給自己訂了這樣一個目標：一定要把這個企業做大，做到世界級！

二十世紀九〇年代初，為了控制住泡沫經濟，政府收緊了銀根，華為這種初出茅廬的民營企業，更是無法貸到款。華為的資金短缺到什麼程度？

當時華為JK1000項目耗盡了辛苦攢下的家底，任正非不得不四處借錢，卻貸款無門，被迫數次向國企以及民營企業拆借大筆資金，利息高達二〇％至三〇％，其實就是高利貸。任正非用這些錢，孤注一擲地將寶押在了C&C08上。

薪資經常拖欠，還只能發一半，華為人員流動率頗大，很多員工領到年終獎金後就趕緊遞辭呈。當時華為內部有項政策，誰能給公司借來一千萬人民幣，就可以一年不上班，薪資照發！某次員工大會上，任正非就站在五樓會議室窗邊，對全體幹部說：「這次研發成功，我們都有發展，如果研發失敗了，我只有從樓上跳下去。」

開發C&C08的時候，儘管華為窮得都發不出薪資了，但在產品開發的投入上還是大把大把地花錢。上百萬人民幣的邏輯分析儀、數位示波器、類比呼叫器等最新的開發工具，應有盡有。

破釜沉舟的決心，不顧一切地投入研發，任正非終於再次成功了。

6.為客戶創造價值，構建利益共同體

破釜沉舟的事，任正非做了不止一次。為瞭解決資金難題，同時拉近與客戶的關係，一九九三年，由華為、西安十所（電信科學技術第十研究所）和十七家省市級郵電局合資的莫貝克成立了。公司總資本八千九百萬人民幣，由十七家郵電局出資三千八百萬人民幣，主要做電源設備。

這是一步絕妙的好棋，也是一步破釜沉舟的險棋。華為以合資的方式，獲得了急需的資金，用於C&C08萬門交換機的開發，並與這十七家郵電局結成了穩固的利益共同體，條件是華為承諾三年回本，也就是每年有三三％的超高回報率！

超高的回報率會催生超強的欲望。如果做不到，任正非與十七家大客戶的合作立即面臨傾覆的危險。幸好任正非再次險之又險地做到了，連續三年都拿出了一千三百萬人民幣分給股東們，C&C08萬門交換機也順利投入市場，為華為賺入大筆的真金白銀。

一九九五年三月，華為電源事業部併入莫貝克，後來，莫貝克更名為華為電氣，註冊資本為七億人民幣。華為電氣以電源業務為主，市場占有率為四〇%，監控設備為五〇%至六〇%。二〇〇〇年，華為電氣和華為技術分別出資九〇%和一〇%成立了安聖電氣。二〇〇一年，艾默生電氣有限公司以七·五億美元（折合人民幣六十億元）收購了安聖電氣一〇〇%的股權。這筆錢，讓華為在隨後的「冬天」有了很硬的底子，安然度過了危機。之後，任正非又複製了一次這個做法，通過與郵電局合資辦企業，變成對方的合作夥伴。這裡便體現了任正非的高明之處。

競爭對手固然是要打敗的，但也不是不能合作。打得天翻地覆，一轉身，任正非就可以與對方展開合作。像愛立信、西門子，都曾是華為的強大對手，但不妨礙之後雙方在歐洲的合作。而這種帶有善意的競爭合作關係，已經超越了中國傳統「非黑即白，非友即敵」的競爭文化，也為華為後來成功扎根歐洲立下了汗馬功勞。

開放、合作、分享、共贏，能「不戰而屈人之兵」，不斷把敵人同化成朋友，這是任正非的獨特能力。與強大的歐洲競爭對手結成利益共同體可以看作「華為全員持股3.0版」，而與郵電局結成利益共同體則是2.0版。

客戶的錢當然是要賺的，但一定要讓客戶也有錢賺，任正非絕不做一錘子買賣

（一次性生意），為此，他不惜放棄一部分自己的利潤。別人是撈魚，他是養魚，從不做殺雞取卵的短視行徑。後來，任正非將其凝鍊為「以客戶為導向」，為客戶創造價值，進而實現雙贏。

華為剛起步時，任正非親自提著包在西南「掃街」，一個縣局一個縣局地做。縣局電話容量是官員扶植的重要指標，華為可以幫縣局做政績。隨著基層官員的晉升，華為的生意逐步做到了省局。

一九九七年，華為的第一個合資企業在四川成立，取名「四川華為」。有錢賺，還能順便解決下屬三產企業的就業問題，合作方積極得很。四川華為當年就拿到了五億人民幣的合約，是一九九六年的十二倍！

四川華為的成功讓任正非很是振奮，立即決定推廣這種模式，在每省都成立一家。很快地，天津華為、北方華為、上海華為、山東華為、浙江華為、遼寧華為、河北華為、安徽華為也陸續成立。河北華為當年就銷售了十億人民幣的通信設備，山東華為則達到二十億人民幣，是之前的十倍，與鐵路系統合作的北方華為銷售額是二．九億人民幣，而合資方分紅比例一般都在二〇％！

華為藉此從農話端順利轉入了市話端，市場規模急劇擴大，「巨大中華」中其他三家的地盤逐漸被華為攻下，一九九四年到二〇〇〇年，華為營業額分別是八億人民幣、十五億人民幣、二十六億人民幣、四十一億人民幣、八十九億人民幣、一百二十億人民幣、二百二十億人民幣，成長率驚人。

7. 專注，絕不偏離主航道

對一個企業家來說，有時候不做什麼比做什麼更能考驗本質。斷然拒絕誘惑，堅守本心，才能走到最後。

一九九二年的深圳，房地產、股票泡沫正大，大量資金湧入，社會上許多人靠炒房一夕致富，左手進，右手出，賺的錢甚至比開發商還多。辛辛苦苦做企業的人，反倒日漸艱難。其情形，與近幾年再相似不過。

快錢賺得如此容易，何必辛苦做企業？重利之下，不少企業家陷了進去，這裡面便包括柳傳志，還有當時聲名顯赫的四通集團。任正非偏偏躲得遠遠的。後來，他在《華為的紅旗到底能打多久》裡回顧道：

大家知道，深圳經歷了兩個泡沫經濟時代：一個是房地產，一個是股票。而華爲全然未涉入此兩個領域之中，倒不是什麼出淤泥而不染，而是我們始終認認眞眞地做技術。房地產和股票起來的時候，我們也有機會涉獵，但是我們認爲未來的世界是知識的世界，不可能是這種泡沫的世界，所以我們不爲所動。

有捨才有得，道理人人都知道，但是當浪頭來的時候，又有幾個人能保持頭腦冷靜，不動心，不走偏？只有內心目標明確而堅定，才能在各種誘惑中擁有一顆定心丸，才能換來今天的成功。這樣的人不成功誰成功？

他所欠缺的只是一個機會罷了。機會到來，他便一飛沖天。不忘初心，方得始終。

堅決不偏離主航道，任正非堅持了三十年，其間錯過了很多賺快錢的機會，如後來的小靈通專案，讓任正非痛苦糾結了好幾年，但是也讓華為一步步扎實前行，避過了很多坑洞和陷阱，最終得以突破。

「華為不就是耐了二三十年的寂寞嗎？我們不在非戰略機會點上消耗戰略競爭力量。幾十年聚焦在主航道，突破就有可能。」這是二〇一八年任正非面對採訪者時的感觸。二三十年冷板凳坐下來，二三十年「愚公移山」挖下來，終於造就了今日萬眾矚目的華為！

第二章

顛覆者：
從沒沒無聞到領頭羊

在產品發展方向和管理目標上，我們是瞄準業界最佳，現在業界最佳的是西門子、阿爾卡特、愛立信、諾基亞、朗訊、貝爾實驗室等，我們制定的產品和管理規劃都要向它們靠攏，而且要跟隨它們並超越它們。比如在智慧網業務和一些新業務、新功能問題上，我們的交換機已領先於西門子了，但在產品的穩定性、可靠性上，我們和西門子還有差距。我們只有瞄準業界最佳才有生存的餘地。

——任正非，一九九八年，《華爲的紅旗到底能打多久》

1 「四國演義」

二十世紀八〇年代末九〇年代初，中國的小型交換機生產企業野草般生長起來，尤其是在珠江三角洲地區。隨著交換機技術的升級，從類比轉向數位，絕大部分企業都被淘汰掉了，最終剩下四家——「巨大中華」，分別是巨龍、大唐、中興和華為，在九〇年代的中國通信市場上，展開了一場驚心動魄的「四國演義」。其中，中興與華為的較量延續至今。

在「巨大中華」四家裡，其實中興成立最早，比華為還要早三年。八〇年代，美國半導體產業剛啟動，時任航天部副部長的錢學森要求航太691廠跟進半導體產業。一九八一年，作為691廠技術科科長的侯為貴，被派往美國負責技術引進。

隨後，一九八五年，四十三歲的侯為貴離開691廠，南下深圳，創辦中興半導體有限公司，註冊資本二百八十萬人民幣（相較之下，任正非只有可憐的二・一萬人民幣，是真正意義上的白手起家）。彼時，為了生存，中興主要做些低階電子產品的來料加工。這與任正非初創華為類似，都需要先生存，從容發展。侯為貴後來多次談到為何投入電信行業：一是看中了電信行業的巨大市場容量，二是可以充分發揮自己的技術優勢。一九八六年，中興開始研製68門模擬空分用戶小交換機。一年後，任正非創立了華為。一九九〇年，在侯為貴的主導下，中興第一臺數位使用者交換機ZX500成功上市。

一九九二年，中興ZX500A農話端局交換機的實驗局順利開通。到一九九三年，中興2000門局用交換機的裝機量已占全國農話年新增容量的一八％。

一九九五年，中興啟動國際化戰略，比華為早一年。一九九六年，中興獲得孟加拉交換總承包專案。一九九七年，中興在深圳證券交易所A股上市。二〇〇四年，中興在香港上市，成為中國第一家A＋H上市公司。

侯為貴也獲評「二〇〇四年CCTV中國經濟年度人物」。對比中興與華為的發展歷程，我們發現，華為和中興的路徑非常相似，如同雙生子，這也造成了之後長達二十多年雙方間的血腥競爭和積怨。

對比之下，巨龍和大唐則是含著金湯匙出生的「富二代」。

巨龍由數家國企於一九九五年創始，甫成立便由前文提到的鄔江興於一九九一年發明的「04萬門機」主打市場。「04機」極其厲害，在短短三年內，累計銷售超過一千三百萬線，總額一百多億人民幣，可謂紅遍中國。

三年後的一九九八年，大唐成立，這已經比華為晚了十一年，可是大唐的前身是有四十年歷史的電信科學技術研究院，技術實力雄厚，國家給予了它巨大的扶持。

一九九八年，大唐成立當年，便有九億人民幣的銷售額。巨龍與中興相差不大，銷售額超過三十億人民幣，中興超過四十億人民幣，而華為則超過這三家之總和，高達八十九億人民幣！

通信業界一致認為，論政府資源、技術實力，在相當長的時間裡，生於北京的巨龍和大唐要遠勝位於深圳的中興和華為。沒想到最先沒落的恰恰是驚豔出場的巨龍。

借助「04機」，巨龍占到了全國網上運行總量的一四％，可惜的是，巨龍沉浸在收取「04機」技術使用費的「溫柔鄉」，短視地認為找到了一座可以吃一輩子的金山，忽視了後續的發展。新技術的出現不會以人的意志為轉移，要麼駕馭它、追隨它，成為潮流先鋒，要麼就等著被新技術的車輪無情碾碎。「04機」被胡亂授權，巨龍管理混亂，廠家之間互打價格戰，華為乘虛而入，大口吞掉了巨龍的地盤。到九〇年代中後期，中興和華為都已經完成了萬門機的研發和推廣，開始從農村走向城市，與國際公司搶奪飯碗。

借助政府的說明，《本地數位交換機和接入網之間的V5.1介面技術規範》淘汰掉了幾乎所有外國機型，國產機型順理成章地進入了新擴充的市場，占比高達八〇%，徹底翻身。中興、華為和上海貝爾（中外合資）在這個過程中受益最多，成為中國程式控制交換機市場銷售量最大的三家公司。巨龍和大唐沒有對接入網進行跟進，認為這個「二傳手」技術不會有前途，與新增容量這一難得機遇失之交臂，巨龍從此走向沒落。

一步慢，步步慢，通信業界「快」的特點在這裡發揮得淋漓盡致，落後即死。在這之後的幾大新興市場——移動通訊、光纖通訊、資料領域，「巨大」同樣反應遲鈍，錯失發展良機，被華為和中興愈甩愈遠。

到了二〇〇一年，華為的銷售額已經達到了二百五十五億人民幣，比一九九八年成長了近兩倍，利潤超過二十億人民幣；中興的也達到了一百四十億人民幣，利潤五．七億人民幣；大唐後來居上，達到二〇．五億人民幣；巨龍的銷售額竟然從一九九八年的三十多億人民幣，下降到了不足四億人民幣，而利潤為負九千萬人民幣。二〇〇二年後，國內市場上已經基本看不到巨龍的身影了。

大唐的起點非常高，甚至擁有TD－SCDMA（電信聯盟關於3G的三大標準之一，另外兩種是WCDMA、CDMA2000）的智慧財產權，可惜犯了跟巨龍同樣的錯誤，錯失了移動通訊、光纖通訊和資料領域的市場，自斷前程。國內的三大營運商中，僅有中國移動一家採用了TD－SCDMA制式的3G網路，而到二〇一四年，商用僅五年時間的3G通信便被4G通信所取代。原本可以享用十年的標準專利費收入也驟然縮水。

雪上加霜的是，大唐的市場意識、行銷能力遠遠弱於華為和中興，到了二〇〇三年，大唐的銷售額只有十八億人民幣，僅為華為的六％、中興的八％，已經不能與之稱為同一梯隊了。

根據《大唐電信科技股份有限公司二〇一七年年度報告摘要》，二〇一七年，大唐電信營業額為四十三億人民幣，比二〇一六年下降三九％，由二〇一六年的虧損近十八億人民幣變為二〇一七年的虧損二十六億人民幣。

兩相對照下，二〇一七年華為實現全球銷售收入六千零三十六億人民幣，比去年同期增長一五·七％，淨利潤四百七十五億人民幣，比去年同期增長二八·一％……。

體制的問題、企業家的問題、對技術發展趨勢判斷的問題、管理水準的問題，糾纏在一起，慢慢絞死了巨龍，使得大唐苟延殘喘，欲振乏力。

同為「巨大中華」的一員，在同樣的機會面前，四家企業的命運截然不同。天堂和地獄之別，令人扼腕歎息。

「巨大」起於技術的先進，最後卻沒落於跟不上技術更新的腳步。一九九三年後的任正非，切切實實感受到了技術突破對於華為的巨大牽動力，也時刻感受著技術研發的風險和壓迫。

一路行來，華為面對的客戶愈來愈高級，對手也愈來愈強大。可以預見的是，未來幾年，華為將與貝爾、AT&T、中興走上生死擂臺，贏者通吃，輸者樹倒猢猻散，不掌握先進的技術，在擂臺上輕則鼻青臉腫，重則倒地不治。

用任正非的話說：「在電子資訊產業中，要麼成為領先者，要麼被淘汰，沒有第三條路可走。」

一九九三年，華為在美國矽谷成立了晶片研究室，一九九九年，又設立了達拉斯研究所，意在提升華為的技術水準和軟實力。

一九九四年底，華為派人在北京籌建北京研究所，一九九六年，劉平被派往北京，擔任研究所所長。

任正非沒有給研究所下達明確的指示，劉平也就沒有多招人。

某次，任正非視察完研究所，問道：「劉平，你這裡怎麼才這麼一點人呀，我不是叫你多招一些人嗎？」劉平小心翼翼地回答：「任總，資料通信做什麼產品還沒確定，招那麼多人來沒事做。」任正非生氣地說：「我叫你招你就招。沒事做，招人來洗沙子也可以。」於是，劉平在北京研究所的一個重要工作就是通過各種手段招人。

招來的人沒產品做怎麼辦呢？劉平就在北研所設立了一個協定軟體部。因為不管將來做什麼資料通信產品，通信協定是少不了的。協定軟體部就負責研究各種通信協議，這就是任正非所說的洗沙子。後來這個部門開發出華為的通信協定軟體棧（協定堆疊），成為華為資料通信各種產品的平臺，也為華為後來從窄頻過渡到寬頻打下了堅實的基礎。

從一九九五年成立到一九九七年，北研所處於漫長的儲備期，一直沒有重大的研究成果，即便如此，任正非每年仍然不動聲色地往裡大把砸錢，毫不心疼，絕不手軟。甚至一九九六年底，他還花了一億人民幣，在上地買了一棟六層樓的大廈，又花了將近一億人民幣來裝修，一九九九年才全部完工。由此可見任正非在研發上的大手筆和豪邁魄力。

到了一九九七年，北研所開始進入豐厚的回收期，相繼在多個重大專案上實現突破，華為後來的STP（信令轉接點）、ISND終端產品、ADSL、寬頻伺服器等，都來自北京研究所的技術累積。

北研所研發的存取伺服器產品Quidway A8010上市後，直接將伺服器的價格從某外國公司的每臺一萬二千美元降到每臺數百元人民幣，華為市場銷售額一度高達七〇%以上，為中國早期網路的普及做出了巨大的貢獻！

即使是華為的宿敵思科，其存取伺服器在容量和相容性上也比不上華為的A8010，更不用說符合中國電信市場的需求了。一九九九年，郵電部傳輸所以A8010為範本，制定了國家存取伺服器標準。如此一來，中國存取伺服器市場基本上就讓華為給掌控了，原本一直以國際標準自居的思科，在中國被華為硬生生擠出了這個領域。

直至二〇〇〇年劉平離開北研所的時候，北研所的人員已經超過一千人。

像北京研究所這樣的研發機構，華為在全世界有十四所！

可以說，對於「巨大中華」以及被淘汰掉的幾百家小型交換機公司而言，是否投入了巨額資金做研發，僅僅這一點，就已經決定了它們之後的命運。

有一次，聯想集團總裁楊元慶去華為訪問，對任正非提出聯想要做「高科技聯想」的戰略，任正非卻不看好：「聯想想發展成技術型的企業，難！華為一年投入幾十億人民幣的研發費用，才賺幾十億，但我們這種高投入、高產出的業務模式已經形成。聯想想做足研發費用，但如果賣不出高價，短期沒收益，股東和投資人不答應，還是難！」

其實，聯想原本是有機會走「技工貿道路」的，而且是華為的有力競爭對手。

一九九二年，聯想在倪光南的主導下，開始研究局用程式控制交換機項目，進軍電信市場。到了一九九四年元旦，聯想的第一臺交換機 LEX 5000 在河北廊坊順利開局，容納用戶數量是華為 C&C08 2000 的二．五倍。十一月十五日，國務院副總理鄒家華和電子工業部部長胡啟立視察了聯想集團。第二年，LEX 5000 被賣進了中國頂級的單位——中南海裡的中辦和國辦。

品牌、資金和技術等各方面都比華為優越，聯想卻在這個時候開始「內鬥」。一九九五年，倪光南被免除在聯想的一切職務，「技工貿道路」就此中斷，也使聯想第二大部門的成本控制部門隨之煙消雲散。

之後，柳傳志選擇了把聯想「做大」，他在一段時間內確實做到了，收購

ＩＢＭ、收購 Dell 伺服器部門、收購摩托羅拉，從國內走向國際，看似風生水起，卻背上了沉重的負擔，並沒有將其轉化為自己的真正實力。

二〇〇八年前，規模不斷擴大的聯想一直壓著華為，但華為的後勁兒愈來愈足，二〇一四年後，華為與聯想徹底拉開了距離：二〇一七年，聯想營業收入為三一六二·六三億人民幣，是華為的一半，淨利潤僅為五〇·四八億人民幣（其中營收占比最大的聯想集團，給聯想控股帶來的淨利潤和公司權益持有人應占淨利潤均為負數），大概是華為的十分之一。

這麼多年來，聯想僅付出了二％的研發投入（華為長期保持在一〇％至一五％），僅能維持傳統ＰＣ業務的升級換代，在晶片、硬碟、面板等相關領域均是一片空白。

一九九七年耶誕節前，任正非訪問了美國休斯公司、ＩＢＭ、貝爾實驗室和惠普。訪問結束後，他寫了一篇〈我們向美國人民學習什麼〉，對比了中美兩國在技術開發上的巨大差異：

ＩＢＭ每年約投入六十億美元的研發經費。各大公司的研發經費都在銷售額的十％左右，以此創造機會。中國在這方面要比較慢些，對機會的認識往往在機會已經出現後，於是跟著做出正確判斷，抓住機會，造就成功，華爲就是這樣。而已經走在前面的世界著名公司，他們是靠研發創造機會，引導消費。他們在短時間內席捲了「機會窗（最佳時期）」的利潤，又投入創造更大的機會，這是他們比我們發展快的根本原因。

太多的中國企業善於取巧而不願做開拓者的工作，沉迷於跟隨在外國企業的身後，以外國企業的「殘羹冷炙」果腹，並樂此不疲。華為寧願做辛苦捕食的老鷹，也不願意做一隻撿拾腐肉的禿鷲。沒有任正非對研發不計成本的投入，就不會有後來的華為大走運，乾脆俐落地打敗上海貝爾和 AT&T、朗訊了。

2 對陣上海貝爾

上海貝爾，是一家曾經充滿輝煌，又命運多舛、至今前途未卜的公司。

一九八四年，郵電部與比利時貝爾公司聯合組建公司，簡稱「上海貝爾」，這是我國通信領域的第一家合資企業，也是二十世紀八〇、九〇年代國內程式控制交換機的首家供應商和領軍企業。

一九九三年，在浙江義烏，華為的C&C08 2000門數位交換機就開始衝擊上海貝爾的市場。雖然那時候華為的C&C08小問題不斷，但上海貝爾設備更新緩慢，遠不如華為機動靈活，服務觀念也比華為差一大截，給了華為發展的機會。

針對上海貝爾，任正非充分發揮了他學自《毛選》的智慧：

「農村包圍城市」，「讓開大路，占領兩廂」，迂迴包抄。華爲從上海貝爾無法企及的廣大農村，從東北、西北、西南等地的落後省市入手，以低價爲策略，挑起降價競爭，逐步壓縮上海貝爾的市場空間。

到了一九九八年，華為的銷售額第一次超過上海貝爾，曾以七十一．八億人民幣名列電子資訊百強企業第十名，一九九九年，又以一百二十億人民幣的銷售額再次列居第十名。借助北京研究所的技術突破，華為開始大舉進軍資料通信市場，把自己定位為「寬頻都會區網路」的宣導者。

前一節提到華為北京研究所開發出了STP（信令網的核心設備），當時國內網路使用的STP主要是北電和上海貝爾的，華為那時候的設備主要安裝在電信網的末端：C4、C5端局（縣鄉局）。如果能有STP進入電信網，將一下子進入電信網的高端，具有重要戰略意義。所以，雖然預測華為賣不出幾臺STP——李一男覺得最多能賣出去十臺，但北京研究所還是花了很大力氣來研究。在銀川順利開局後，華為就在海南的STP競標中撞到了上海貝爾。在評標會上，上海貝爾來了一位博士。當評標人員問他上海貝爾的STP和華為的相比有什麼優勢時，他顯然不把華為放在眼裡，答道：「華為的設備和我們的根本就不在一個層次上。」

殊不知，他沒把華為放在眼裡，華為卻把上海貝爾的STP裡外研究透了，對其弱點瞭若指掌。一個處心積慮，有備而來；一個狂妄自大，目中無人，上海貝爾的失敗也就理所當然了。

華為的ＳＴＰ問世後，除國家核心網外，各個省級區域使用的全是華為的ＳＴＰ，ＳＴＰ在各省的選型中所向披靡，並投中中國移動的ＳＴＰ招標，占據了中國信令網的半壁江山。華為由此進入了電信網的制高點，同時進入了中國移動的市場，躋身世界少數能夠生產該設備的通信巨頭行列。

一九九七年，華為入川，當時上海貝爾在四川的市場銷售額是九〇％，可謂一手承運。華為避其鋒芒，將自己的接入網免費送給客戶使用，藉此在四川各地的網上布點，上海貝爾竟無動於衷。緊接著，華為便將新增的接入網搶了過來，逐步將點連成面，最後將接入網的優勢延伸到了交換機。用這種方式，華為搶占了四川新增市場七〇％的銷售額，上海貝爾醒悟過來時已經一敗塗地。

不只上海貝爾輸在華為的銷售攻勢下，愛立信也難逃此劫：在黑龍江，華為派出了多過對手十餘倍的技術人員，在每個縣電信局展開肉搏戰。哪裡出問題，華為人就立即趕到現場。為拿下一個項目，華為會花費七八個月時間和與回收不符的投入。就是這樣不計成本的攻城略地，華為硬生生地從跨國巨頭口中奪食，搶來了客戶。

在華為狼性團隊的兇猛撕咬下，與華為技術不斷進步的壓迫下，上海貝爾無力招架，漸顯頹勢。

二〇〇二年，阿爾卡特與上海貝爾合併，取名上海貝爾阿爾卡特，阿爾卡特以「五〇％＋一」控股。之後上海貝爾受累於阿爾卡特在經營策略上的多次失誤，屢屢錯失商機，市場銷售額更是急劇縮水，輝煌不再。

二〇〇六年，阿爾卡特合併了朗訊，把朗訊原在中國的業務整合到了上海貝爾阿爾卡特。二〇〇九年，上海貝爾阿爾卡特改回原來的名字——上海貝爾。

二〇一五年，諾基亞以一百五十六億歐元的價格收購阿爾卡特朗訊，上海貝爾改名為諾基亞上海貝爾。

諾基亞上海貝爾能否浴火重生，借助東家諾基亞之力和 5G 東風再現輝煌，還需市場檢驗。

3 打不死的AT&T、朗訊

談起AT&T和朗訊，有三個時間節點需要我們關注：一八七七年，一九九五年，二○○六年。

一八七七年，電話發明者貝爾創建AT&T。很自然地，從AT&T創立的第一天起，它便是行業的龍頭。

一九二五年，AT&T創立了歷史上最成功的私有實驗室——貝爾實驗室，由AT&T拿出營業額的三%作為實驗室的研發經費。有了極其充足的費用，貝爾實驗室不僅在通信領域讓人望塵莫及，而且在無線電天文學、電晶體和半導體、電腦領域上均領先於世界，發明了無線電天文望遠鏡、電晶體、數位交換機、計算器的Unix作業系統和C語言，還發現了電子的波動性，創立了資訊理論，組織發射了第一顆通信衛星，鋪設了第一條商用電纜。一個實驗室，先後產出十一位諾貝爾物理獎、化學獎、醫學獎得主，獲得過九項美國國家科學獎、八項美國國家科技獎！

在相當長的時間裡，貝爾實驗室是資訊領域科學家心目中的聖地。一九九七年底訪問貝爾實驗室的時候，任正非說的第一句話就是：「我年輕時就十分崇拜貝爾實驗室，仰慕之情超越愛情。」而從來不願意留影的他硬要把隨訪的李一男拉過來，在著名的晶體三極管發明者巴丁先生的紀念碑前合影留念。隨後參觀實驗室時，任正非又懷著崇敬的心情走到巴丁先生五十年前發明晶體三極管的那張工作臺前，佇立良久。當實驗室的工作人員將一個紀念巴丁先生發明晶體三極管五十周年的紀念品送給任正非的時候，任正非由衷地表示自己感到莫大的榮幸，並稱讚巴丁先生不僅是貝爾實驗室的巴丁，也是全人類的巴丁。

因為AT&T的超級壟斷地位，一九八四年，美國政府根據《反壟斷法》，「瓦解」了AT&T。但是，新的AT&T依然強悍，仍是世界第一，一九九四年，它的營業額達到了七百億美元！

一九九四年，AT&T進入中國。

一九九五年，AT&T的營業額達到了巔峰。雖然到二〇〇〇年崩摧前，AT&T的股價急速上升，但從實業的角度，從一九九五年開始，它就在自我毀滅：

在美國經濟全面復甦的形勢下，股市暴漲，股東（投資基金、銀行等）為了短期股票獲利，硬是將AT&T拆解成三部分：從事電信服務業務的AT&T、從事設備製造業務的朗訊和從事電腦業務的NCR。貝爾實驗室主體跟隨了朗訊，漸漸喪失了創新能力，再也沒有產生轟動世界的發明。

嘗到了甜頭，AT&T和朗訊再次各自分拆。到二〇〇〇年股市泡沫破滅前，四年間朗訊股價成長了十三倍，市值達到二千四百四十億美元。接下來便是崩摧，朗訊的股票從每股接近一百美元跌到了〇．五五美元！二〇〇一年，朗訊關閉了貝爾實驗室幾乎所有的研究部門，科學家和工程師轉往Google等新興網路公司，貝爾實驗室名存實亡。

二〇〇五年，原「小貝爾」之一的西南貝爾以一百六十億美元的價格收購AT&T，合併後的企業繼承了AT&T的名稱，把標誌也改了。

二〇〇六年，朗訊被阿爾卡特以一百一十一億歐元的價格收購，改名為阿爾卡特朗訊。十年後，二〇一五年，阿爾卡特朗訊又被諾基亞以一百五十六億歐元的價格收購。

特別要指出的是，大家熟知的諾基亞手機雖然敗了，但諾基亞並沒有死亡。諾基亞將手機業務出售給微軟，獲得了五十四．四億歐元現金，並且每年都有專利授權收入。現在的諾基亞已經轉型為以通信設備為主的科技公司，目前已經超過歐洲傳統巨頭愛立信，躍升全球第三，僅排在華為和思科之後。

朗訊衰敗了，AT&T反而愈挫愈勇。

這在AT&T是有歷史傳統的。歷史上AT&T多次遭分拆，卻愈拆愈強。它分裂出來的諸多「小貝爾公司」逐漸成為區域性的通信巨頭，最後逐漸演化成MCI、Sprint、Verizon和T-Mobile等新巨頭。

二〇〇七年，新AT&T在全球五百強企業中排名第八十六名。

一向對併購有著極大興趣的AT&T，在二〇一六年以八百五十四億美元併購了時代華納，成為內容分銷公司，試圖以各種串流媒體內容霸占使用者設備。

二〇一七年，AT&T又試圖以三百九十億美元收購T-Mobile。AT&T和T-Mobile分別是美國第二和第四大移動營運商，收購後，AT&T將超越現有的美國第一大營運商Verizon（注意，T-Mobile和Verizon都是從AT&T分拆出來的）。此舉遭到美國反壟斷部門的堅決反對，AT&T最終放棄了併購。

二〇一八年，AT&T名列世界五百強企業第二十名，營業收入為一千六百零五·五億美元，利潤為二百九十四·五億美元。

看完以上的長篇介紹，你就明白華為要面對和挑戰的是一個如何可怕的對手了。

華為打敗了上海貝爾、加拿大北電（可怕的是，加拿大北電也是從 AT&T 分裂出來的）後，就不得不與 AT&T 正面對決。

剛剛交手，一九九五年，AT&T 就分家了。AT&T 在中國的設備製造業務被朗訊繼承，稱為朗訊中國，成為華為的新對手。

有貝爾實驗室做為強大後盾，朗訊中國大肆布子，搶占市場，設立了八個地區辦事處、兩個貝爾實驗室分部、四個研發中心，以及相當數量的合資企業和獨資企業。

作為應對策略，任正非決定以「地利」為基礎，大打「人和」牌。華為的菁英業務員依照任正非的指示四處公關，百折不撓，硬生生地搶走了朗訊的大批客戶。

二〇〇〇年，中國銀行總部開始建設全國性呼叫中心。原本朗訊與中國銀行有多年合作關係，這個專案花落朗訊似乎順理成章。但華為人知難而上，直接贏得中國銀行總行行長對華為實力的認可。搞定了最關鍵的環節，剩餘工作就勢如破竹了。

受二〇〇〇年網路泡沫破滅的影響，朗訊股價下跌如崩摧，一蹶不振。朗訊中國也停下了開拓的腳步，節節敗退，在與華為的上百次交鋒中，朗訊中國多以失敗告終。

勉強拖到二〇〇六年，朗訊被阿爾卡特以一百一十一億歐元的價格收購，改名為阿爾卡特朗訊，直至十年後再次被諾基亞收購。

合併之後的阿爾卡特朗訊，依然不足以構成雄心勃勃的任正非的對手。

二〇〇八年，在中國電信首次CDMA招標中，華為拿下了包括北京、廣州、溫州在內多個核心城市的CDMA無線網訂單，而中興守住了中西部十八座城市的建網擴容訂單。CDMA豪門阿爾卡特朗訊因為報價最高而折戟沉沙，廣東市場五〇％的銷售額全部失守，易主華為。

幾年後，阿爾卡特朗訊CEO康博敏在「二〇一三阿爾卡特朗訊技術大會」上承認，愛立信和華為都是其潛在的競爭對手，而華為則是最大勁敵。

然而此刻，敗軍之將已經入不了華為的法眼了。

二〇一三年，華為的整體業務收入是三百九十二億美元，阿爾卡特朗訊的只有一百九十億美元，不到華為的一半。

第二年，華為的業務收入猛增到了四百六十五億美元，阿爾卡特朗訊的不進反退，降到了一百五十九億美元，只有華為的三分之一。

即便併入諾基亞，二〇一七年，這個「失敗者聯盟」的營收依然不到華為的三分之一！

至此，國內已經沒有能與華為抗衡的外國企業了。曾經在中國橫行無阻，吸走無數真金白銀的多家跨國巨頭，基本上被華為和中興「驅逐出境」，中國產品占據了主要市場。當初「七國八制」，受制於人的局面，已消逝無蹤了！

不過，故事並沒有結束。

風水輪流轉，AT&T被華為打敗後，到了二〇一八年一月，在美國本土市場，AT&T迫於政府「壓力」，放棄了與華為的合作，不在美國售賣華為智能手機。要知道，在美國市場，超過九〇%的智慧手機都是通過營運商的管道銷售的，與AT&T的合作流產，對華為來說是巨大的損失。華為想大舉進入美國，還有一段很長的路要走。

它們的恩怨尚未結束。

4 F7與26：「中華」恩怨二十年

F7是華為，26是中興，分別出自對方之口，頗有調侃乃至嘲笑的意味。

華為的漢字拚音 HuaWei 縮寫是 HW，恰恰是夫妻英文即 Husband&Wife 的諧音，因此中興員工以F7做為華為代稱。

而中興英文簡稱是 ZTE，Z在英文中是第二十六個字母，因此被華為人拿來代稱中興。

F7與26，「相愛相殺」，轉眼已經二十多年了。

「一山不容二虎」，機緣巧合下，偏偏華為和中興都誕生於深圳這座窗口城市，如同孿生兄弟。兩者幾乎同時起步，做著基本相同的產品線，面臨著同樣的市場環境，偏偏兩者的發展都還不錯，只是中興偏重技術，華為則尤擅行銷。資源總有限，等到華為和中興各自成長到一定程度，兩虎相爭的局面便隨之而來，不可調和，也無可避免。短刃相接的時刻終於到來。一九九八年，在湖南、河南兩省的交換機投標會上，華為遞交了一份特別的標書。在這份標書上，華為將自己的產品同中興的產品進行了詳細比對，並委婉表示華為產品在性能上遠優於中興。不過令任正非始料未及的是，第二天，中興如法炮製，全面更換一份打擊華為的標書，最後搶得大額訂單。這對於處處要求領先的任正非來說，萬萬不能容忍。他迅速搬出法律作為武器，在河南省高級人民法院和長沙市中級人民法院起訴中興，狀告其將「中興電源」與「華為電源」進行引人誤解的比對，引來各路媒體爭相報導。

侯為貴有樣學樣，「以牙還牙」。最終，四起官司，華為和中興各贏一半，華為被要求賠償中興一百八十．五萬人民幣，中興被要求賠償華為八十九萬人民幣。

從賠償金額來看，華為吃了個小虧，但華為輸了官司卻贏得了品牌和市場，大大提升了知名度。

從一九九八年到二〇〇〇年，中興年銷售額從四十一億人民幣增至一百零二億人民幣，而華為年銷售額則從八十九億人民幣增至二百二十億人民幣。華為對中興的優勢進一步拉開了，一舉奠定了自己的王者地位。

但是，接下來華為便連輸兩局，中興奮起直追，漸漸逼近華為的王者寶座，形勢一時微妙起來，令任正非無比鬱悶。

一九九八年，中興和華為都準備競標中國聯通第一次CDMA95招標專案，但由於和高通公司智慧財產權問題尚未解決而暫時擱置。

繼續保留CDMA95項目，還是將重心轉移？中興和華為都必須進行戰略取捨。選對了，一步登天；選錯了，一敗塗地。

任正非認為，中國聯通短期內很難啟動CDMA項目，且CDMA95是歐洲標準，未來必定是3G市場最大的蛋糕，應該直接選擇更為先進的CDMA2000。於是華為迅速撤掉了原來的CDMA95小組，投入重金，轉攻CDMA2000。

侯為貴這次卻做出了與華為相反的決定，選擇繼續研發CDMA95，同時投入小部分資源研究CDMA2000。侯為貴的分析是，聯通肯定會啟動CDMA項目，而95標準不遜於GSM，從安全性能角度考慮，行動網路不可能不經過95階段的檢驗就直接跳到2000，即使轉向研發2000，也需要95標準的累積。

二〇〇一年五月，中國聯通重新啟動招標，最終選用的恰恰是CDMA95的加強版，中興中標，一舉爭得十個省共七．五％的銷售額！

緊接著，憑藉一期優勢，在聯通CDMA二期建設招標中，中興又獲得了十二個省分總額為十五．七億人民幣的一類主設備採購合約！

中興的強勢反擊使得華為兩次投標都空手而歸，然而，更令任正非鬱悶的還在後面。二〇〇〇年，風靡日本的小靈通ＰＨＳ技術被ＵＴ斯達康引進中國後，任正非和華為再一次面臨重大抉擇。

小靈通其實就是無線市話通信方式，說簡單一點兒，就是無線電話的大功率版，用的是座機電話的線路，電信營運商架設一個覆蓋全市的基地臺發射無線信號。當時，國內手機通話費和終端都比較貴，小靈通號碼短，單向收費，比使用手機便宜多了。當然小靈通也有缺點，那就是覆蓋差、信號弱，經常被使用者調侃道：「手持小靈通，傲立風雨中，昂首又挺胸，就是打不通。」

對於ＰＨＳ的技術，任正非認為它既落後又不能向未來的３Ｇ演進，不出五年必然被淘汰，華為不能因此成為一個機會主義者，於是戰略性放棄了，把大筆投資放在了當時在全球還沒有商用的３Ｇ業務上。

為了研發３Ｇ產品，華為投入了近兩千人，相當於全公司一半的人數，到二〇〇一年，華為第一次與業界巨頭同時推出３Ｇ產品，成為全球少數能夠提供全套商用系統的廠商之一。沒想到全球ＩＴ泡沫破滅，國內的３Ｇ牌照一下子變得遙遙無期。華為的３Ｇ業務光投入不產出，三年內顆粒無收！

盼星星，盼月亮，就是盼不到３Ｇ牌照，任正非只得轉戰海外市場，壯著膽子與海外通信巨擘硬拚，被壓得喘不過氣來。

任正非急壞了，只要聽說哪裡有3G項目，他馬上就飛過去。到了二〇〇三年底，華為的3G產品終於破天荒地標中阿聯酋的一個項目，實現了零的突破，華為3G產品因此起死回生。

巧合的是，就在華為宣布放棄小靈通業務的幾天後，侯為貴對著全體中興員工說，中興今後的市場主攻產品就是小靈通。中興又一次撿拾了華為丟下的市場精耕細作。就這樣，中興和UT斯達康一同成為中國電信小靈通的供應商，代工銷售日本京瓷公司的小靈通。

沒想到小靈通在中國爆發出強大的生命力，很快大紅，讓中興、UT斯達康和朗訊數錢數到手軟。到了二〇〇四年底，小靈通用戶已達六千萬。

奪得CDMA和小靈通市場後，中興與華為的差距迅速縮小。二〇〇三年，中興年銷售額達到二百五十一億人民幣，其中小靈通業務占了三分之一，而華為年銷售額為三百一十七億人民幣，二者僅僅相差六十六億人民幣！

UT斯達康甚至開始瞄準華為的業務範圍，打算以小靈通的高利潤作為基礎，捆綁銷售軟交換（電信網路的中央設備）、光纖網路和無線產品，伺機搶占華為的地盤。

任正非幡然醒悟，痛定思痛，終於決定也做小靈通手機。因為是代理銷售，所以不存在技術難度，任正非拿出兩億人民幣，要求只有一個：不准高利潤，也不准虧本，自己養活自己，滾動發展！

營運商是華為的強項，定下這個策略後，打開銷售管道就變得非常容易。二〇〇三年十一月，華為推出了自己的小靈通手機。而且華為創造性地不做售後，發貨時，按照損壞率，額外給營運商一定數量的手機，壞了就換。

很快，華為小靈通的市場占有率就達到了二五％。華為的參與，使小靈通手機的價格迅速下滑，老百姓很歡迎，但是，小靈通暴利時代也就此終結了。

風光一時的UT斯達康，在二〇〇三年的淨利潤高達兩億美元，在華為的阻擊下，二〇〇四年即驟降到七千萬美元，到了二〇〇五年、二〇〇六年，分別虧損四・八七億美元和四・八二億美元。

到二〇〇七年，中國電信關閉了小靈通PHS網路，小靈通徹底成為歷史。

在小靈通業務上的失誤讓華為開始把終端業務提升為公司的重點，組建了獨立的手機部門。如今大名鼎鼎的華為手機，就是從這裡出發的。

從這裡就能看出任正非與侯為貴的巨大差別：任正非是軍人出身，有著濃濃的軍人底蘊：追求卓越，一切都是為了贏得勝利；推崇集體主義，講求絕對服從，管理正規而嚴格，賞罰分明；追求效率，執行力極強；敢於大手筆砸錢冒險，鼓勵試錯；用人和行銷不拘一格，大刀闊斧。華為，其實就是一座商業化的大軍營。

侯為貴則屬於典型的知識分子：儒雅，溫和，穩健，中庸，很少有過激的行為；喜歡追隨技術的腳步，而不是像華為那樣開創技術；管理相對鬆散；傾向於「水到」自然「渠成」。這位技術核心出身的企業家有自己的一套投資哲學：「我追蹤了很多東西，一看到這個機會非常大，我就發動；一看到機會不大，漸漸就放棄了。」他確實看準很多東西，但也相應地缺乏強烈的進攻性，顯得沉穩有餘，進取不足，結果與華為站在同一起跑線上，之後卻被華為愈甩愈遠。

侯為貴與任正非相同的一點是，他們都幾乎沒有什麼工作以外的愛好，也都很少公開接受媒體採訪，顯得相當內斂。侯為貴曾說：「我不是一個演員，不太擅長場面上的事情，而更願意腳踏實地從事企業的經營和管理工作。」網上曾有此一說，大概可以簡單歸納任正非和侯為貴的區別：

> 何謂王道？對手不乖，便從他身上碾過去。何謂霸道？就算乖的，也碾過去。何

謂儒道？碾之前跟他說一聲。……

任正非大概偏於霸道，而侯為貴更接近儒道。時任中興執行副總裁的何士友曾這樣描述侯為貴和任正非：「一九九二年我初次接觸侯總的時候就感覺他像國營企業的廠長，一個老工程師的感覺，對人比較慈善和友好，他比較強調人性化的一面。而任正非完全按照軍事化的方式管理人，賞罰比較清晰，他認為好的事情他就會很快去做，如果你能夠做得不錯，他能夠把你捧到天上；如果做得不好，他可能一腳把你踩在腳下，這使華為員工之間競爭很激烈，也很殘酷，每個人都承受著巨大的工作壓力，我的一位在華為工作的朋友說晚上睡覺都在做噩夢。」

劉平也有相似的評價：「華為的掌門人任正非看上去像一個老農民，他也經常以『農民』自居。有時憨憨地一笑，滿臉的皺紋。有一次，我陪任總見一批郵電局的客人，說到興起的時候，任總慷慨激昂地對著客人演講。中興的掌門人侯為貴看上去像一個退休的老工程師，溫文爾雅，說話慢條斯理。有一次參加中國移動的簽約儀式酒會，我和侯為貴及中國移動的領導坐在一桌。席間，侯為貴只是笑眯眯地，很少說話。他們兩人性格不同，但並不妨礙他們成為成功的企業家。成功的人各有各的不同。」

創始人的性格決定了兩家公司的性格和氣質。

在中興，員工往往穿著隨意，氣氛輕鬆；而一到華為，立刻感覺氣氛變得「嚴肅、緊張、團結、活潑」，員工個個西裝革履，精神抖擻，乾脆俐落，有隨時上戰場的精神準備。

業界人士經常說：「如果你看到成群結隊的人出現，那肯定是華為的人；如果是單槍匹馬，則肯定是中興的人。」

業界素有「華為是狼，中興為牛」的說法。說華為是狼並不為過，但中興這頭牛脾氣同樣不小，搶起市場來，與狼一般兇狠，互不相讓，必置對方於死地。

在海外市場，華為和中興依然是死對頭，打得血肉橫飛，展開了一場曠日持久的海外市場血腥爭奪，可以說，有中興員工的地方，就有華為的員工。

中興與華為，幾乎同時開始海外探索開拓，到二〇〇〇年，華為已經在亞、非、拉三洲站穩腳跟，開始向歐洲、美國挺進。

二〇〇三年，在印度MTNL公司的一次競標中，華為和中興分別通過印度本地合作夥伴同時參與了專案競爭。華為的競標價格為三十四·五億盧比，中興的價格略高一點兒，最後MTNL公司選擇的是華為。

侯為貴很是憤怒，他很快從招標書中找到了華為的一處漏洞，將一份統計資料送達MTNL公司。雖然此舉並沒有改變華為得標的結果，但也給華為帶來了很大的麻煩，MTNL公司還特地派出一個調查小組，搞得任正非大為光火。

二〇〇四年，中興決定進攻尼泊爾市場——這是華為進入最早、費時最多、防衛最嚴的海外市場。為此，中興不惜虧本，以四百萬美元一百萬線CSM網路建設贏得了競標，這個價格只有華為報價的一半！

任正非怒不可遏，雙方的廝殺愈來愈兇猛，在價格上不斷纏鬥，以至於讓國外的營運商找到訣竅，每逢招標只要叫上華為和中興，就一定能把價格壓下來。

雙方打得一塌糊塗，從價格戰到無所不用其極，全都卯著勁兒，看誰先流乾最後一滴血。

惡性的價格競爭替華為和中興皆帶來了慘重的損失。二〇〇三年，華為的淨利潤率為一四%，到了二〇〇七年，雖然營收大幅增加了，淨利潤率卻下降到五%，而中興在二〇〇七年的淨利潤率甚至還不到四%。

二〇〇八年，中國通信設備商終於迎來了最敏感的時期——3G前夜。

WCDMA、CDMA2000、TD—SCDMA，這三大標準到底該如何選擇？

前途未卜，中興和華為只能在三大標準上都加以投入。任正非認為WCDMA是歐洲標準，與GSM一脈相承，必定是3G市場最大的蛋糕，為此他不惜投入數百億美元和幾千人的研發隊伍專攻WCDMA。

侯為貴沒有豪賭的氣概，他採中庸之道予以應對：不放棄WCDMA，適度投入；依靠CDMA95的標準大規模商用基礎，平穩向CDMA2000過渡；在TD—SCDMA方面，拉攏業內國字型大小大唐電信，共同起草TD—SCDMA國際標準，爭取政府支持。

二〇〇八年七月，中國電信率先拋出二百七十億人民幣CDMA網路招標訂單，這是中國電信接下C網後的首次動作。面對這份大餐，中興和華為雙雙劍拔弩張，勢在必得。

就在華為和中興在北京為CDMA大訂單爭得頭破血流的第二天，有消息傳出，華為將在全國範圍內大幅贈送設備，並傳言華為在此次一百多億人民幣的設備招標中，竟給出了六．九億人民幣的「地獄價（低於地板價）」，僅為報價最高的阿爾卡特朗訊的二十分之一。

消息出來當天，中興在A股和H股市場上全線下挫。

首輪爭奪，華為成功將自己在國內的CDMA市場銷售額提升到二五％。

二〇〇九年初，等來了WCDMA標準3G牌照的中國聯通發放招標。中興與華為再次交手。雙方不僅互放裁員煙幕彈，力圖用輿論壓制對方，中興還使出更讓人觸目驚心的價格屠刀：「0」報價！

無奈中興在WCDMA領域的表現實在一般，遠遠不如擁有研發及市場優勢的華為，最後它僅獲得二〇％的市場銷售額，而華為則拿到三一％銷售額的訂單。

華為兩戰雪恥！任正非在寒風中咬牙堅持數年，終於贏得了最後的勝利。

但是華為和中興的競爭乃至各種拆臺遠沒有結束。二〇〇五年，沃達豐主管銷售的一位高階主管來華為訪問，隨口問了一句有沒有3G數據卡。這一問，就問出了一個利潤超豐厚的項目。當時的資料卡非常難用，需要安裝驅動程式，還要進行複雜的設定，驅動也只能用光碟安裝。華為員工的超強創造性這時候就體現出來了。華為研發想出了免驅動和免設定，在網卡中內置記憶卡，來存放安裝程式，插上電腦就會自動安裝驅動程式，同時把設定直接內置到安裝程式中，免除了複雜的設定程序。

透過這些小小的改進，華為的網卡很快點燃了全球網卡市場的熊熊大火，市場占有率提升到了七〇％。你做初一，我做十五。與當初任正非阻擊中興小靈通類似，這次輪到侯為貴後發制人了。

侯為貴帶上「低價屠刀」，在歐洲網卡市場上掀起了一場價格混戰。

二〇〇九年，華為網卡全球出貨量高達三千五百萬部，中興出貨量也逾二千萬部。華為和中興大打價格戰，網卡的利潤率一年便下降了九〇%以上，原本售價二百歐元的網卡降至十七歐元，致使華為損失慘重。

最早做網卡的比利時 Option 公司怒了。二〇〇六年，Option 的市場銷售額還是七二%，華為和中興一腳踹開網卡大門後，Option 的市場銷售額下滑至二七%，而到了二〇〇九年，已經跌至可憐的五%。虧損嚴重的 Option 向歐盟提出，要對中國生產的資料卡進行「反傾銷」調查。

二〇一〇年，歐盟開始對從中國進口的網卡進行反傾銷調查。如果被認定傾銷，華為和中興將面臨災難性的懲罰，甚至有可能退出歐洲市場。華為只好同 Option 做了兩筆「無用的交易」，付給 Option 公司三千五百萬歐元，了結此事。

當時有人提出，中興也是受益者，應該一起出錢。任正非拒絕了，說：「就讓華為為整個中國的電信業盡一份心吧！」

時至今日，中興已經被華為甩得遠遠的。

二〇一七年，中興營業收入約一千零八十八億人民幣，比去年同期成長七．四九％；淨利潤五十三億人民幣，淨利潤率為四．八％；研發投入一百二十九．六二億人民幣，占營收的一一．九％。

相較之下，華為二〇一七年實現全球銷售收入六千零六十三億人民幣，同比成長一五．七％；淨利潤四百七十五億人民幣，比去年同期成長二八．一％；研發費用達八百九十七億人民幣，占營收的一四．九％。不僅是中興，其他通信巨頭與華為相比也相形見絀：愛立信二〇一七年營收約合二百五十五．九二億美元，淨虧損四十四．七六億美元。思科營收四百八十億美元，淨收入就九十六億美元，比去年同期下降一一％。

對於這些「同業」，華為前董事長孫亞芳曾經充滿感情地總結道：因為有中興公司的存在，才逼得華為不敢多打一個盹兒，拚死拚活地往前趕。客觀上為我們縮短與西方公司的差距起了促進作用。因此，它的存在是有益華為的。它的緊緊追趕，使我們沒有太胖、太懶的羊產生，一個充滿危機意識，又有敏銳性，又無懶羊拖累的公司肯定能生存下來。羊群不光要靠領頭羊，而且還要靠外部威脅，羊群才能緊緊團結向前進。

不僅中興公司，而且很多競爭對手都促使了華為的進步。特別是近十年來，西方著名公司進入中國，它們不僅是競爭者，更是老師和榜樣。正是它們讓我們在自己的家門口領教了什麼叫國際競爭，知道了什麼才是真正的世界先進。它們的行銷策略、職業化素養、商業經營品德等都給了我們不少的教益。我們正是在學習中成長、在競爭中壯大。全球同領域內的競爭者們的快速進步和發展，同樣令我們深感咄咄逼人的壓力，真是稍有鬆懈，差距就可能再次拉開、拉大；而國內同業兄弟的緊緊追趕，也使我們不敢有半點怠惰，客觀上，亦促進了我們的快速進步。

競爭迫使所有的人不停地創新，使合作創新更加快速、有效。

二〇一六年，七十四歲的侯為貴正式退休。執掌中興三十年，商海浮沉，當年南下創業、雄姿英發的中年人，雖依然儒雅，終究難擋歲月侵襲。終於人生圓滿，可以頤養天年，侯為貴也表示卸任後不會再參與公司具體業務，也不需要參與了，希望卸任後的生活豐富一些。

豈料，樹欲靜而風不止，僅僅過了兩年，中興便遭到美國制裁。這位七十六歲的老人不得不重涉江湖，用自己羸弱的身軀再次撐起危難中的中興。人生際遇之無常，實在難言。

第三章

「為了明天，我們必須修正今天」：任正非的二次革命

我是聽任各地「游擊隊長」們自由發揮。其實，我也領導不了他們。前十年幾乎沒有開過類似辦公室會議，總是飛到各地去，聽取他們的彙報，他們說怎麼辦就怎麼辦，理解他們，支持他們；聽聽研發人員的腦力激盪，亂成一團的所謂研發，當時簡直不可能有清晰的方向，像玻璃窗上的蒼蠅，亂碰亂撞，聽客户一點點改進的要求，就奮力去找機會……更談不上如何去管財務了，我根本就不懂財務，這與我後來沒有處理好與財務的關係也有關聯，他們被提拔少，責任在我。

到了一九九七年後，公司內部的思想混亂，主義林立，各路諸侯都顯示出他們的實力，公司往何處去，不得要領。我請人民大學的教授們，一起討論一個「基本法」，用於集合一下大家發散的思維，幾上幾下的討論，不知不覺中「春秋戰國」就無聲無息了……

——任正非，一九九八年，《華爲的紅旗到底能打多久》

1 亂象初顯：高速和盈利下的危機

按照一般人的看法，創業十年後，任正非已經是一位標準的成功企業家，華為也已經是一個著名的企業，前景一片光明，形勢一片大好。

一九九六年，華為全年完成銷售額二十六億人民幣。此時的華為已經走上了快車道，以它的發展速度，過不了幾年，就會成為中國最大的通信設備製造商。

歌舞昇平中，任正非偏偏是那個冷眼旁觀的人。

他眼中的華為前景明確，同時危機四伏：華為是從六個人白手起家，大家為了生存，為了理想，所有的心思都用在產品製造上，自發地拚命，吃住都在公司，有時候連宿舍都沒回，華為的「床墊文化」就是在這個時期形成的。華為的銷售員天南地北奔波，多是偏遠城市和村鎮，不辭勞苦。華為能夠邁過創業初期的生死線，靠的就是全體研發人員和銷售人員的「不要命」。

激情可以創業，但激情不足以推動企業一直順利發展下去。就像道德與法律，道德雖好，但治國必倚重法律，而不能只求助於道德。

就研發而言，華為早期的產品開發跟很多公司大同小異，既沒有嚴格的產品工程概念，也沒有科學的制度和流程。一個項目是否取得成功，主要靠領導人的「英明」和個人的英雄主義，運氣好就賺得盆滿缽溢，運氣不好就血本無歸，不確定性和偶然性非常大。

華為早期ＪＫ１０００交換機的失敗，便是例證。若不是任正非同時啟動了Ｃ＆Ｃ０８ ２０００門數位交換機的研發，華為早就被淘汰了。

邁過生死線後，一些以前不存在或細微的問題開始顯露出來，慢慢成為致命的大問題。

雖然華為每年營業額都幾乎翻倍，但花費也很大，毛利率開始下降，甚至出現了「增產不增收」的效益遞減現象。

與國際知名的電信設備製造商相比，華為在很多地方都顯得粗陋、幼稚，研發週期是業界最佳的兩倍左右，訂單及時交貨率僅為五〇％（國際平均交貨率為九四％），庫存周轉率只有三．六次／年（國際平均水準為九．四次／年），訂單履行週期為二十至二十五天（國際平均水準為十天）。更為嚴重的是，華為慢慢有了「大公司病」，開始以自我為中心，不再關注客戶的需求，後來還狠狠地摔了幾個跟斗，頭腦才重新清醒過來。

任正非就曾痛心疾首地回顧這段時期：在九〇年代後期，公司擺脫困境後，自我價值開始膨脹，曾以自我為中心。我們那時常常對客戶說，他們應該做什麼，不做什麼……我們有什麼好東西，你們應該怎麼用。例如，在NGN的推介過程中，我們曾以自己的技術路標，反覆去說服營運商，而聽不進營運商的需求，最後導致我們被淘汰出局，連一次試驗機會都不給。歷經千辛萬苦，我們請求以阪田的基地作為試驗局的要求，也苦苦不得批准。我們知道我們錯了，我們從自我批判中改正，大力宣導「從泥坑中爬起來的人就是聖人」的自我批判文化。

一九九四年，華為有六百人；一九九五年，八百人；一九九七年，五千六百人；一九九八年，八千人！「放羊式」的粗放管理弊端顯露無遺。

頭與身子眼看要分離了。任正非覺得自己跟中層的距離愈來愈遠，無法瞭解他們的想法和工作狀況，而底層員工也不知道任正非在想些什麼，感覺他的想法天馬行空，就是不落地，快要變成一個精神象徵了。

儘管眼前沿用過去的土辦法還能活著，但不能保證華為今後繼續活下去。創業是企業家的第一道關卡，正規化則是企業家的第二道關卡，留給任正非的時間不多了，現在不著手解決，一個得意忘形的公司很快就會垮掉。

創業公司成長為大公司，會經歷幾個階段？

第一個關卡就是要不顧一切地活下來。這個階段，大理想是沒有實際意義的，僅僅能用來鼓舞員工。眼光和速度很重要，團隊拚搏決定一切，流程太過規範反而有害。這是一個英雄主義的階段，靠價值觀驅動的階段，也是最驚心動魄的階段。

到了第二個階段，企業必須形成自己的企業文化，管理開始被提上日程，走向職業化和流程化。公司開始顯得平淡，但善戰者無赫赫之功，善醫者無煌煌之名，少一些力挽狂瀾的英雄恰恰是企業走向成熟的表現。很多蒸蒸日上的企業就是陣亡在這個階段，沒有把體量轉化為質量，死在了「中國企業平均壽命不過三年」的魔咒裡。

到了第三個階段，企業已經步入成熟期，但流程僵化、效率降低的問題愈來愈突出，奮鬥精神和勤儉作風消退，企業家往往志得意滿，喪失了「繼續革命」的內在動力。企業陷入超穩定惰性，以一種「恆定不變」的僵化模式每日重複自己，開始從內部瓦解。如果這個階段能夠有效改革，便可以延續生命；不改革或者改革失敗，企業就只有「死亡」這一個結果。

細想一下，企業史其實與王朝史基本吻合。

任正非面臨的就是第二道關卡。

起家靠產品，壯大靠制度。從創立企業到大公司，必不可少的變革和塑造將決定這個企業是否能順利進入下一個階段。邁過去，廣闊天地，大有可為；邁不過去，就此走向衰落，煙消雲散。

相當多的企業就是陣亡在這個時間點上，令人扼腕歎息。「二次革命」的重要性，對所有企業而言都是如此。

讓我們把視線拉回一九九六年，看任正非面臨第二個關卡時，是如何操作的。

痛定思痛，去掉驕矜之氣後，任正非這才清楚地定位華為的企業文化：「華為是一個功利集團，我們一切都是圍繞商業利益的。因此，我們的文化叫企業文化，而不是其他文化或政治。因此，華為文化的特徵就是服務文化，因為只有服務才能換來商業利益。」

任正非的頭腦非常清醒，在一九九六年發表的《再論反驕破滿，在思想上艱苦奮鬥》中，他說道：「我們首先得生存下去，生存下去的充分且必要條件是擁有市場。沒有市場就沒有規模，沒有規模就沒有低成本。沒有低成本，沒有高品質，就難以參與競爭，必然衰落。」他不僅強調了活下去這一底線，而且闡明了要生存就必須大規模拿下市場，才能贏得競爭，生存下去。

從這一年，任正非對公司運作、品質體系、財務、人力資源四個主要方面開始了持續不斷的變革，準備建立與國際接軌的管理體系。

一九九七年，任正非正式提出「面向客戶是基礎，面向未來是方向」、「為客戶服務是華為存在的唯一理由」，除了客戶，華為沒有任何存在的理由，客戶是唯一理由。華為必須從以產品技術為中心變成以客戶為導向、以業務投資為中心，實現職業化和端到端的流程化，淡化英雄色彩，尤其是淡化領導人、創始人的色彩。任正非的「二次革命」，就此展開。

2 斷臂求生——華為大辭職

任正非的第一把火燒在了市場部，強悍風格展露無遺。這件事情也震驚了整個通信設備業界。

一九九六年二月，在市場部主管孫亞芳的帶領下，二十六個各地辦事處主任同時向公司提交了兩份報告：一份是辭職報告，一份是述職報告。將由公司根據改革的需要決定接受哪一份。任正非在會上稱：「我只會在一份報告上簽字。」

同業譏笑華為是在作秀，沒想到，真的有六名辦事處主任被換了下來，包括市場部代總裁毛生江在內的大約三〇%的幹部皆被替換下來。

斷臂求生，也是迫於無奈。

之前，華為的主要產品是小型交換機，價格不過三五百人民幣，縣級郵電局處長、科長以及大酒店主管人員即可決定採購。到了一九九六年，萬門機出現了，一張合約往往上千萬人民幣，甚至上億人民幣，這個金額已非低階的主管部門可以決定了，往往要透過招投標。所以，地方辦事處主任就必須從側重技術轉變為側重管理和行銷，從「農村」進入「大城市」。華為的幹部需要充電，需要從「一次創業」向「二次創業」換腦，從游擊隊向正規軍轉變，從公關型向市場策劃型轉變，道理人人都明白，能不能做到就是另一回事了。一些辦事處主任在「打游擊」的時候是一把好手，現在要進入城市，轉變為正規軍，就顯得手足無措、力不從心了。許多幹部缺乏現代管理經驗，知識結構跟不上公司發展速度，對不斷推向市場的新產品缺乏瞭解，而他們身後，是每年以二〇〇％速度增加的更有朝氣的新人，不解決這項矛盾，很快就會形成管理上的「堰塞湖」。

該如何協調那些為華為流過血而跟不上新形勢腳步的功臣呢？是將就他們，換來一個「仁義」名聲，還是為了公司前途，狠心揮刀，斷臂求生？

任正非選擇的既不是趙匡胤的「杯酒釋兵權」，也不是朱元璋的鐵血手段，他的做法是大換血，讓血液自我更新。

這場「大換血」充滿了狼群的犧牲精神。

狼的三大特性——一是敏銳的嗅覺，二是不屈不撓、奮不顧身的進攻精神，三是群體奮鬥的意識。「勝者舉杯相慶，敗者拚死相救」、「狹路相逢，勇者勝」等，在這場大辭職風波中展現得淋漓盡致。

「為了明天，我們必須修正今天。」為了讓狼群變得更強大，一些狼被犧牲掉了，還有的狼主動選擇了犧牲。有位辦事處主任在一篇文章裡說：「我是一隻鳥，有可能在這道烈火的焚燒中被燃燒，但是我那燃燒的羽毛能照亮後來的人前進的道路。」此言此語，眾人莫不為之動容，悲壯異常。

當時任正非在市場部集體辭職儀式上的談話中說到：「市場幹部集體大辭職，就是他們一次思想上、精神上的自我批判，開創了公司幹部職位流動的先河。他們毫無自私自利的偉大英雄行為，必將在公司建設史上永放光芒。」

二〇〇〇年一月，任正非在「集體辭職」四周年紀念演說中，又對該事件給予了高度的評價：「市場部集體大辭職，對構建公司今天和未來的影響是極其深刻和遠大的。任何一個民族，任何一個組織，只要沒有新陳代謝，生命就會停止。如果我們顧全每位功臣的歷史，那麼就會葬送公司的前途。如果沒有市場部集體大辭職所帶來對華為公司文化的影響，任何先進的管理、先進的體系在華為都無法生根。」

之後，一批既有行銷理論知識又具實踐經驗的本土幹部和空降軍（包括外企過來的幹部）站上了華為的中央舞臺。還有一些人透過充電，在崗位上再次做出貢獻，最終又回到了領導崗位，而且職位有所提升。在任正非看來，一個幹部，比技能更重要的是品德，比品德更重要的是意志，比意志更重要的是心態。沒有良好的心態，就是小草，而小草再如何澆灌，也長不成大樹。

毛生江就是「鳳凰涅槃」的範例。

「大辭職」時，毛生江剛當了兩個月代總裁，一下子被降職，說一點兒也不在乎那是假話，但毛生江選擇了堅持。

一九九八年，毛生江被調任山東代表處代表、山東華為總經理。短短一年時間，山東辦事處銷售額就比去年同期成長了五〇%，回收率接近九〇%。山東辦事處在他的帶領下，一派欣欣向榮的景象，還培養出了大批核心幹部。二〇〇〇年，毛生江升任華為的執行副總裁，上演了一齣蕩氣迴腸的「英雄歸來」。

後來，任正非對當時市場部進行了總結：看來當年的幹部集體辭職，一些人下去是下錯了，透過競爭取得聘任走上領導崗位的幹部，也有一些後來不怎麼優秀。但從長遠來看也沒有錯，為什麼？就是無形之中鍛鍊和考驗了一批幹部，使一些幹部經歷了挫折和磨練。只有禁得起考驗與錘鍊的幹部才能挑得起大樑，公司才敢將更重的擔子交給他，否則，一旦遭遇冬天或挫折，他能不能帶領大家走過這些坎呢？

之後，華為的「換血」又陸續進行了三四次，都是為了保證華為這棵大樹能繼續茁壯成長，那些已經枯老卻占據生長位置的枝葉，必須被毫不留情地修剪掉。

「如果說四年前我們華為也有文化，那麼這種文化是和風細雨式，像春風一樣溫暖的文化，這個文化對我們每個人沒有太大的作用。必須經過嚴寒酷暑的考驗，我們的身體才是最健康的。因此市場部集體大辭職實際上是在我們的員工中產生了一次靈魂的大革命，使自我批判得以展開。」經過這次「大換血」，華為的行銷實現了從「土狼」到「獅子」的蛻變，並在二〇〇八年後再次進化為「大象」。

「土狼」屬於「流寇」階段，銷售人員如同堅忍饑餓的狼，驟合驟散，四處遊蕩，見到獵物就撲，兇狠暴戾，無利不奪，甚至反噬。

之前為了搶占市場，任正非便給很多中層幹部扔下一句話：「先封你一個團長，沒有兵可以招嘛。」任正非感慨「我是聽任各地『游擊隊長』們自由發揮的。其實，我也領導不了他們」，說的正是這個階段。

「獅子」則有了自己的「根據地」，有了明確的規則和考核制度，開始深耕細作，經營領地，並協同作戰。

以歷代農民起事為例，對於中央政權來說，一群四處流竄的暴民不過是癬疥之疾，一哄而起，一哄而散，旋起旋滅，不足為慮，而有了宗教作為指引，則此起彼伏，極難撲滅，如白蓮教及其變種。當有了指導思想，又有了根據地，這就是肘腋之患了。

一九九五年，史玉柱看中了保健品行業的暴利，巨人集團開始了「二次創業」，從電腦行業全力殺入。他在全國上百家主要報紙上刊登整版廣告，一次性推出十二個品項的保健品，僅僅半個月，就收到了十五億人民幣的訂單。

但是市場行銷的短處很快就把良好的開局搞得一團亂。巨人的「銷售大軍」主要由兩類人組成：一是甫出校園不久的青年學子，有熱血，無經驗；二是從各個保健品公司跳槽或挖角來的「僱傭軍」，有經驗，無忠誠，「以利合，亦以利散」，情形不妙則迅速撈一票撤離。

當巨人崩摧時，各地市場上頻頻發生侵吞私分公司財產的情狀，集團的《巨人報》驚呼：「在我們巨人集團內部竟有這麼多觸目驚心的違法違規事件，幾萬、幾十萬甚至上百萬人民幣的資產在陽光照不到的地方流失了。」與巨人同樣喧騰一時的三株集團也步上了後塵。

這是一個比華為更加不可思議的公司。一九九四年，它的銷售額為一．二五億人民幣，一九九五年，就達到了二十億人民幣，到了一九九六年，一躍達到八十億人民幣。按照三株在《人民日報》上刊登的五年規劃，到一九九九年，銷售額要達到九百億人民幣！

三株的廣告與當時的巨人、愛多、秦池等又有不同，大肆講述品牌故事，與衛生局、醫院結成利益共同體，創造性地走出了一條「讓專家說話，請患者見證」的路子，一支廣告動輒十幾分鐘，反覆轟炸。

三株還首創了四級行銷體系，即地級子公司、縣級辦事處、鄉鎮級宣傳站和村級宣傳員，採人海戰術，把標語重複得遍地都是，極具創意。直至二十年後，在廣大農村的院牆上還能看到這種做法的仿效者。

當年三株已經把行銷做到如此極致，還是擋不住銷售體系的漏洞。三株一九九五年投放的三億人民幣廣告費中，有一億人民幣因為無效而被浪費掉了。在不少基層單位，宣傳品的投放率不足二〇％，有的乾脆被當廢紙賣掉了。在一次總結會上，老總吳炳新氣憤地說：「現在有一種惡劣現象，臨時工哄執行經理，執行經理哄經理，經理哄地區經理，最後哄到總部來了。吳炳傑（吳炳新的弟弟）到農村去看了看，結果氣得中風了，實際情況與向他彙報的根本是兩回事。他在電話中對我說，不得了，盡哄人呀。」當三株開始陷入危局，便爆發了大規模的人員「逃亡」，作鳥獸散。

二十世紀九〇年代中期，這樣的現象遍地都是。若不進行「二次革命」，華為就可能會步上他們的後塵。

一批人下去，又一批人上來，劇烈的動盪中，孫亞芳尤其耀眼，從此進入華為核心，開始了華為「左非右芳」的時代。

孫亞芳，出生於一九五五年，一九八二年畢業於電子科技大學，獲學士學位。一九八九年，孫亞芳進入華為，先後擔任市場部工程師、培訓中心主任、採購部主任、武漢辦事處主任、市場部總裁、人力資源委員會主任、變革管理委員會主任、戰略與客戶委員會主任、華為大學校長等。

有報導稱，孫亞芳在國家機關任職時，華為在資金上面臨很大困境，孫亞芳動用自己的關係，幫華為貸款，在華為最危急的時候「挽救過華為」。

加入華為後，孫亞芳的表現亮眼。

一九九八年前後，華為由於行銷戰術、股權、貸款等問題，頗受外界質疑，令任正非心力交瘁。任正非深感公司對外溝通的重要性，提議孫亞芳出任董事長，負責外部溝通與協調，自己則繼續擔任總裁一職，專攻內部管理。

選舉公司董事長時，候選人只有孫亞芳一人，任正非親自介紹孫亞芳的簡歷和工作經歷，說道：「孫亞芳同志年富力強，善於處理各種複雜的社會關係。我將集中精力做好公司內部的管理工作。請大家選舉孫亞芳為公司董事長。」

計票結果，全票通過。孫亞芳正式成為華為董事長。

從此以後，孫亞芳的身影開始出現在華為的許多對外活動中，向來不喜社交的任正非則更加理所當然退居幕後。

需要任正非思考的事情太多，他又直率且不拘小節，孫亞芳便成為華為對外交際的「名片」。孫亞芳曾在哈佛大學進修，她能力強悍，氣質出眾，加上能說一口流利英文，讓她成為站在任正非身邊的極佳人選。

任正非說，孫亞芳的最大功績是建立了華為市場行銷體系。外界評論認為，「孫亞芳的口才和風度俱佳，舉止優雅，是個外交高手」。

孫亞芳可不僅僅是「華為的面子」，她以女性身分，能夠主管華為市場和人力資源二十年，靠的是她強悍的能力。

在華為的所有部門裡，市場、研發、人力資源三個部門是對華為貢獻最大的。華為最讓競爭對手膽寒的是其嚴密的市場體系，而不僅僅是技術優勢。與對手在技術水準上差不多的情況下，華為總能通過市場獲得更大的優勢。

曾在華為從事人力資源工作、華為先進考核體系和任職資格體系的主要參與人之一湯聖平，在《走出華為》一書中描寫道：華為的銷售人員能做到你一天不見我，我就等你一天；一個星期不見我，我就等你一個星期；上班找不到你，我節日、假日也要找到你。華為的銷售人員甚至在知道了你在哪個小島上開會後，他也會摸過去把你給找到。

華為的「狼」性市場行銷體系，為華為自一九九六年以來的高速成長立下了汗馬功勞。在孫亞芳的領導下，一九九七年華為開始全面引進國際管理體系，包括職位與薪酬體系，以及英國國家職業資格管理體系（NVQ），讓華為在人才隊伍的建設上取得了相對於競爭對手的明顯優勢，用水桶理論來說，是長板愈來愈多，短板愈來愈少。

一九九九年，華為市場部召開常委會（華為實行委員會制，因為市場部的地位，幾個常委都是公司級的副總裁），其中一項議題是討論市場部幹部問題。大家認為市場部的部分中層領導安於現狀，缺乏鬥志和狼性，關鍵原因是壓力不足，缺乏憂患意識，於是常委們一致同意再來一次「大辭職」。

孫亞芳聽完後，斬釘截鐵地說：「我不同意！競聘是我們那個時代的特殊做法，是我們無法準確地判斷一個人的不得已行為，是小公司的做法。華為通過這幾年人力資源體系的建設，評價系統已經比較完備，我們應該通過體系的運作來考察幹部，壓力不足是因為我們沒有執行評價體系而不是因為沒有發起競聘。」

在華為，任正非是當仁不讓的領袖人物，他思考極快，脾氣又暴躁，經常罵人，敢頂回去的只有孫亞芳。

有一次，市場部高層討論市場策略以及人力資源的相關事宜，孫亞芳也在座。各位副總裁正在討論之中，任正非突然從外面走進來，不管三七二十一，站著就開始發表觀點：「你們市場部選拔幹部應該選那些有狼性的幹部，比如說某某某（當時為辦事處主任），我認為這樣的幹部就不能晉升。」任正非話音剛落，孫亞芳就接著說：「老闆，某某某不是你說的這樣子，你對他不瞭解，不能用這種眼光來看他。」任正非竟一時語塞，宛如來串門子一樣轉身就往外走，喃喃地說：「你們繼續討論吧。」

後來，這位某某某升任華為的高級副總裁。

孫亞芳對任正非的影響和理解，在華為公司恐怕無出其右者，被稱為離任正非最近的人，活脫脫是個女版的任正非。據說大部分幹部因為她太過嚴厲，比較怕她，對她敬而遠之，但這不妨礙孫亞芳的成功。

一九九八年，孫亞芳向任正非提交了一個報告，提出了三個觀點：一、知識經濟時代，社會財富的創造方式發生了變化，主要是由知識、管理創造的，因此要體制創新。二、讓有個人成就欲望者成為英雄，讓有社會責任感的人成為管理者。三、一個企業長治久安的基礎是接班人認同公司的核心價值觀，並具有自我批判能力。

任正非對這三個觀點深表贊同，後來將其引用在《華為的紅旗到底能打多久》一文裡。二〇〇四年五月，孫亞芳在幹部工作會議閉幕時做了一個題為「小勝靠智，大勝在德」的演說，其口吻，其深刻，其務實，其嚴厲，都與任正非神似：

我們的任職資格考核，以及關鍵事件程式所列爲的評價，要聚焦於那些要提拔的幹部，他們應比別人多一些考核機會。我們希望提拔一些什麼人呢？我們確知的是，責任結果不好、品德不好的，不提拔；責任結果好的，可以進入考察。我們早就明晰華爲公司的各級接班人的標準只有兩條：一是認同華爲的核心價值觀，二是有自我批判精神。我們要選拔那些品德好、責任結果好的，有領袖風範的幹部，擔任各級成員；我們要清退那些責任結果不好的、業務素質也不高的幹部；我們要注意，也不能選拔那些業務素質非常好但責任結果不好的人擔任管理幹部。他們上臺，有可能造成一種部門的虛假繁榮，浪費公司的許多機會和資源，也帶不出一支有戰鬥力的團隊。他們要下去做具體的工作，透過做具體工作，將自己的業務素質轉化爲能力，實現責任結果。公司最難判斷的是責任結果非常好但沒有領袖風範的人（高的素質與團結感召力，清醒的目標方向，以及實現目標的管理節奏）。這些人可能是華爲的英雄模範人物，他們要轉爲管理者，我們要從兩個方向來解決。本人應多學習，多與周邊同事交流，豐富自己對案例的分析、歸納能力；不滿足自己的現狀，嚴格要求自己。實在不能提高自己素質的，要心態平和地接受一般性的工作崗位，和比自己年輕的領導很好地共事。同時，公司也盡可能多一些對這些幹部的培訓，使他們能掌握一個自我學習的方法。領袖是自己悟出來，是在實踐中磨練出來的，培訓是培訓不出來的，因此，自我改造是最重要的方法。俗話說，個人的前途命運是掌握在自己手裡的。您最大的敵人就是您自己，說的也就是這個意思。這就是人才的四象限圖。

我們在組織改革，以及幹部設置上，也要注意灰色地帶，要有彈性，不要走極端，不要一味地追求低潮時期的合理化，而高潮到來時，望洋興嘆，成爲一個葉公好龍的案例。堅持實事求是，堅持合理的彈性，以免不適應３Ｇ時代的浪湧，以及不能收放有序。我們既反對教條主義，也反對經驗主義。

那之後，任正非甚至將孫亞芳「小勝靠智，大勝在德」這八個字刻在石碑上，豎立在公司裡。

3 IPD整合：來自IBM的「洋和尚」

一九九七年，任正非訪問了美國ＩＢＭ公司，深受震撼，明顯感覺到華為自身的局限和改革的迫切。

在任正非看來：「一個企業怎樣才能長治久安，這是古往今來最大的一個問題。我們十分關心並研究這個問題，也就是推動華為前進的主要動力是什麼，怎麼使這些動力長期穩定運行，又不斷地自我優化。」

其實，將這個問題放到整個國家，就是著名的「興衰週期律」問題，興衰治亂，往復迴圈，概莫能外。

一九四五年，黃炎培以國民政府參政員的身分到訪延安，見到了中國共產黨的領袖毛澤東。

毛澤東問他：「任之先生，這幾天通過你的所見所聞，感覺如何？」

黃炎培直言相答：「我生六十餘年，耳聞的不說，所親眼見到的，真所謂『其興也勃焉，其亡也忽焉』，一人，一家，一團體，一地方，乃至一國，不少單位都沒有能跳出這週期率的支配力。大凡初時聚精會神，沒有一事不用心，沒有一人不賣力，也許那時艱難困苦，只有從萬死中覓取一生。既而環境漸漸好轉了，精神也就漸漸放下了。有的因為歷時長久，自然地惰性發作，由少數演為多數，到風氣養成，雖有大力，無法扭轉，並且無法補救。也有為了區域一步步擴大了，它的擴大，有的出於自然發展，有的為功業欲所驅使，強求發展，到幹部人才漸見竭蹶，艱於應付的時候，環境倒愈加複雜起來了，控制力不免趨於薄弱了。一部歷史，『政怠宦成』的也有，『人亡政息』的也有，『求榮取辱』的也有。總之，沒有能跳出這週期率的。」

華為的規模愈來愈大，它的迅速崛起讓很多人興奮、驕傲，任正非卻是憂心忡忡，很多原本簡單的事情開始變複雜了，千頭萬緒，根本理不過來。每個人都拚命幹活兒，無用的損耗卻愈來愈多，效率愈來愈低。任正非很清楚，華為根基未穩，頭重腳輕，如果不從游擊隊向正規軍轉化，繼續胡吃海塞下去，自己會壓垮自己。

留給任正非的時間不多了，容不得他猶豫。唯一能借鑒的，是國外的公司。

IBM之行給了任正非一個明確的答案：脫下「草鞋」，換上一雙「美國鞋」，請洋和尚念經，實行IPD。「華為只有認真地向這些大公司學習，才會使自己少走彎路，少交學費；IBM的經驗是他們付出數十億美元的代價總結出來的，他們經歷的痛苦是人類的寶貴財富。」

IPD是「整合式產品開發」的簡稱，強調以客戶需求作為產品開發的驅動力，將產品開發作為一項投資來管理。它涉及一個產品從概念產生到最終發表的全過程，核心是流程重整和產品重整。

也就是說，這套系統是建立一條管道，把每個人無方向的「布朗運動」引導向同一個方向，形成一股合力，減少無用的消耗。

一九九九年三月，華為的IPD項目正式啟動。為了儘快讓公司走上正軌，任正非用了強硬手段，強迫公司跟隨自己的腳步，完全照搬，全盤西化，為此不惜「削足適履」，「透過『削足適履』來穿好『美國鞋』的痛苦，換來的是系統順暢運行的喜悅」。

外來的顧問頤指氣使，華為內部自然有人不爽，衝撞也不少。

任正非發了狠：「一切聽顧問的！不服從、不聽話、耍小聰明的，開除出專案組，降職、降薪處理。……IBM的管理也許不是全世界最好的，我們員工也有可能冒出來一些超過IBM的人物，但是我只要IBM。高於IBM的把頭砍掉，低於IBM的把腿砍掉。只有謙虛、認真、扎實、開放地向IBM學習，這個變革才能成功。」

任正非的設想是「先僵化，後優化，再固化」。前兩三年以理解消化為主，之後適當改進，實現中國化，最終固定，成為華為自己的管理模式。

如同馬克思主義來到中國，在沒有實踐前，很難提出有效的改進策略。只有等到與中國國情結合，才實現了馬克思主義的中國化，誕生了中國特有的毛澤東思想。

而一旦產生了自己的模式，就同時開啟了自我進化的道路，可以主動演化。

果然，接受西方技術容易，接受西方的管理模式就難多了。

全盤西化的管理模式驟然取代原有的模式，「削足適履」引起的混亂和帶來的困擾雖然沒有讓華為「大亂」，但新模式的推進還是困難重重，始終無法取得突破性的進展。

對此，任正非早有心理準備：「要學會ＩＢＭ是怎樣做的，學習人家的先進經驗，要多聽取顧問的意見。首先，中、高級幹部要接受培訓弄明白，在不懂之前不要誤導顧問，否則就會作繭自縛。而我們現在只明白『ＩＴ』這個名詞概念，還不明白ＩＴ的真正內涵，在沒有理解ＩＴ內涵前，千萬不要有改進別人的思想。」

值得欣慰的是，任正非兩年的硬推，還是找出了華為管理上存在的根本問題和解決方案。

接下來便是整整十年的優化階段，華為徹底從「游擊隊」轉變成為「正規軍」。前些年「閉門造車」研發的狀況漸漸杜絕了，變成了以客戶需求為導向。任何產品一立項（經批准立為項目），就成立由市場、開發、服務、製造、財務、採購、品質組成的團隊（PDT），對整個開發過程進行管理和決策，確保產品研發過程的透明以及與客戶要求的一致。市場需求指向開始漸漸融入華為人的血液，研發和銷售互不關心的現象在IPD模式下基本得到解決，雙方形成了有效的協力，而非各自為政呈現無頭蒼蠅般的「布朗運動」。

數量與品質並重，讓華為的整體實力有了巨大提升，通過了英國電信和沃達豐的認證，在歐洲開疆闢土，開始躋身國際一流電信設備製造商的行列。沒有IPD，華為走出國門，立足歐、非、拉，就是一句空話。

二〇〇三年，IBM專家撤離華為。五年時間，華為每小時付給專家三百至六百八十美元，累計繳納的學費令人瞠目結舌！但任正非依然覺得很值得：「我們雖然支付了昂貴的諮詢費給IBM，但IBM教會了我們如何爬樹，我們爬到樹上摘到了蘋果，這就是老師發揮了作用。老師不可能教得天衣無縫，他教給你一把鑰匙去開門。」

等到優化階段結束，二〇〇九年，華為脫胎換骨，正式進入了創新變革元年。

二〇一四年，任正非在一次媒體見面會上概括了這段經歷：從一九九八年起，邀請IBM等多家世界著名顧問公司，先後開展了ITS&P、IPD、ISC、IFS和CRM等管理變革專案，先僵化，後優化，再固化。僵化是讓流程先跑起來，優化則是在理解的基礎上持續優化，固化是在跑的過程中理解和學習流程。要防止在沒有對流程深刻理解時的「優化」。經過十幾年的持續努力，華為取得了顯著的成效，基本上建立起了一個集中統一的管理平臺和較完整的流程體系，支撐公司進入了ICT領域的領先行列。

很多在改革初期不理解的人，等到幾年後華為規模愈做愈大，訂單愈來愈多，人員愈來愈複雜，尤其是國外市場不斷開拓，需要跟更多高標準的國際廠商合作的時候，才慢慢理解一個嚴密規範的流程和迅速有力的平臺是多麼重要。

對比同業中興，華為在流程方面的規範管理明顯高出一籌，這也影響了中興與華為在海外市場競爭的結果。

華為能夠從追求短期利潤的小公司成長為一個有著長遠目光的大公司，在二〇〇〇年後不斷創造「奇蹟」，實現「多多益善」的效果，一騎絕塵，來自IBM的IPD功不可沒。

但是，流程管理也是一把雙刃劍。

西方管理體系中過多的流程控制點，不但降低運行效率，而且容易滋生官僚主義和教條主義。它用嚴格的步驟來規範「過程」，用來消除不確定性，穩固性、安全性大大增加，等於是有了沉重的底盤，但就不可避免地犧牲掉了靈活性。

流程化變革以來，據不完全統計，華為共計發布流程檔十五萬二千八百零三份，從開始的沒有流程變為過於迷信流程、迷信管理，增加了很多流程和管理動作，也增加了很多部門以及相應的領導，逐漸出現「腦袋大於手腳」的情況。一些擅長鑽營、能說不能幹的人混進了領導層；那些能幹不能說、不適應煩瑣流程的技術核心幹部和銷售核心幹部卻往往在考核中落後，得不到相應的提升，一線組織的作戰能力和積極性受到了損害。

以華為比較成熟、引以為豪的IPD流程為例：

這個流程有多少流程檔呢？有人做過不完全統計，是六千六百三十一份。做一個完整的IPD項目，最多要輸出多少文檔呢？六百六十四篇。

一個完整的流程，要走過多少決策評審的關卡、環節呢？DCP決策點四個，各領域KCP點五十一個，KCP下層分解審核檢查點超過三百項，各種XR評審點三十五個，XR評審要素超過五百項。XR評審守關的「銅人陣」有多少人呢？最多的時候超過三十人。

華為的員工吐槽道：「你會發現軟體的領導都很忙，不是在進行決策，就是在決策的路上；軟體的各路『專家』也很忙，不是在進行評審，就是在評審的路上。大家都很忙，忙得天昏地暗，地動山搖。」

二〇一七年十二月十八日，任正非在落實日落法及清理機關說NO工作組、合約場景師推動小組座談會上演講，提出公司二三級部門不能隨意發文，要「增加一個檔，減少兩個舊檔」，再逐漸根據「日落法」去減少檔和流程，最終做到全公司都是藍軍。

所謂「日落法」，是美國的一條法規，大意是指授予某一行政機關立法權，經過限定的時間，該行政機關的授權立法權就自行失效。在被授權機構或專案的結束日期到來之前，國會要對該機構的工作或該專案的執行情況進行全面審查，以決定它們是否繼續下去。任正非借鑒日落法，充分放權，讓一線員工來提出哪些流程是花瓶、假動作，哪些是無用資料，只要有利於增產，有利於人均效益提升，確認後就可以取消。

用任正非二〇一八年的話來說：「流程的本質是服務於業務，杜絕形式主義，不要讓流程左右了我們的行為。針對不同業務場景實施品質差異化、流程差異化，授權業務團隊按需求適配，不要管出左腳還是出右腳，我們要的是結果，不過多關注過程，不要成為流程的奴隸。我們還要在公司內部打破資訊壟斷，千軍萬馬打下上甘嶺。我們要區分作戰組織與職能組織，能產糧食、直接做事的組織是作戰組織；不能直接產糧食、發文要求別人做事的就是職能組織。發文要收束到三級部門及以上，發文就是發令口，我們精簡檔，就是要精簡發令口。如果往下細分的部門都有發文權力，變成一個蛛網狀，就會相互干擾。」

這就是任正非的思維：肯定，否定，否定之否定，如此循環往復，不斷推向前進。

4 《華為基本法》的祕密

有了前面的基礎，《華為基本法》（以下簡稱《基本法》）的實行自然就水到渠成了。

這是中國現代企業史上最典範、最全面的一部「企業法」，包括了企業發展戰略、技術研發、人力資源配置、部門建設等，可謂包羅萬象，由中國人民大學的六位學者起草。

與一般的企業管理法不同，在《基本法》起草前，任正非就明確提出了他的要求：「我們要逐步擺脫對技術的依賴、對人才的依賴、對資本的依賴，使企業從必然王國走向自由王國。」

所謂「必然王國」，是指人們在認識和實踐活動中，對客觀事物及其規律還沒有形成真正的認識，而不能自覺地支配自己和外部世界的一種社會狀態，「自由王國」則是認識了客觀事物及其規律，並自覺依照這一認識來支配自己和外部世界的一種社會狀態。

「人們只有走進了自由王國才能釋放出巨大的潛能，極大地提高企業的效率。但當您步入自由王國時，您又在新的領域進入了必然王國。不斷地周而復始，人類從一個文明又邁進了一個更新的文明。」

華為未來會成為一個什麼樣的企業？

《基本法》第一章第一條就給出了明確的答案：在不久的將來，華為將成為世界級的領先企業！

要實現這個目標，就必須持之以恆地保持奮鬥，任正非採用了時刻保持外部壓力的做法。「為了使華為成為世界一流的設備供應商，我們將永不進入資訊服務業。通過無依賴的市場壓力傳遞，使內部機制永遠處於啟動狀態。」

這一條的提出，受到了很大的質疑。

華為真的永遠不進入資訊服務業嗎？資訊服務業大有可圖，華為為什麼要站在河邊眼睜睜看著別人撈魚？

最後，任正非啟動了他的最終決定權，一錘定音。

除了不與營運商爭利，任正非也有他特別的考慮：「進入服務業有什麼壞處呢？自己營運的網路，賣自己的產品時內部就沒有壓力，對優良服務是企業生命的理解就會淡化，有問題也會推諉，這樣是必死無疑的……這是欲生先置於死地，也許會把我們逼成一流的設備供應商。」

華為必須堅守主業，將有限的資源「聚焦」在「主航道」，而不去刻意追求多元化，不刻意追求企業規模。多元化是很危險的，新業務與主業關聯不大時，結果十有八九會死。這樣的新業務不是三頭六臂，而是義肢。

華為必須成為一個永遠敢打硬仗、永遠用外部壓力促使內部保持艱苦奮鬥作風的公司，華為人必須是永不懈怠的狼。華為永遠準備賺辛苦錢，如果有一天華為可以輕鬆地賺到一大筆錢，華為的生命也就快要結束了。

而當時輕鬆賺「快錢」最顯眼的就是網路服務業。

網路的到來改變了整個世界，在人類歷史上，硬體第一次顯得不那麼重要。資訊、娛樂和服務成為經濟的極端主力，吸引了無數資本洶湧而入，也造就了一批網路明星公司，業界戲稱：「風口到來，豬都能飛起來」。

但網路經濟的弱點也是很明顯的。任正非等老一輩企業家雖然也擁抱網路時代，卻明顯更為謹慎、保守。

二〇〇〇年，IT泡沫果然破裂，任正非冷靜地評論：「大家想想當時的情況，那時好像鋼鐵玩完了，汽車玩完了，什麼都玩完了，只有搞資訊才賺錢，觸網即『發』，無『網』不勝。所有的上市公司，不管是賣雞蛋的還是賣鴨蛋的，只要有一個.com，幾百億、幾千億就賺進來了。我當時就認為這是極不正常的，道理既簡單也樸素，人們不能吃資訊、穿資訊、住資訊。糧食不要了，房子不要了，汽車不要了，然後人們就富裕起來了，怎麼可能？因此，在新經濟虛擬財物的推動下，人們非理智的追捧，製造了整個世界對網路企業的大泡沫。」

資本時代的到來，將網路經濟的弱點放大到極致。

二〇一七年十一月，華為首席管理科學家、《基本法》起草者之一的黃衛偉教授，在一個管理高峰論壇上做了一次演講，他認為，網路導致經營目標的短期化，「厚積薄發」在今天被當作愚不可及。而華為成功模式的核心邏輯，恰恰就是厚積薄發。

當然，最近幾年華為還是進入了資訊服務業，開拓了「雲 BG」，打破了《基本法》的束縛。

這同樣是形勢所迫。雖然 5G 即將到來，華為在 5G 上也施力甚早，二〇一六年，華為的 Polar Code（極化碼）方案最終戰勝之前具有壟斷地位的高通、愛立信等著名公司的短碼方案，成為 5G 控制通道 eMBB 場景編碼最終方案，不過，營運商已經到達了天花板，相應的基站和通信設備也到達了天花板。二〇一七年，華為的營運商業務增長基本停滯，「永不進入資訊服務業」已經不符合當前的局勢了。

其實早幾年營運商與網路企業的優劣之勢已經開始逆轉，兩者慢慢淪為高速公路般的基礎通道。硬體不再重要，微信、支付寶等應用反客為主。這個現象，不僅出現在中國。相對應地，通信設備的重要性也降低了。任正非不尋找新的出路，華為就會慢慢枯死。

《基本法》讓華為聲名大噪，人們突然發現，在改革開放前端的深圳，一個土生土長的民營公司竟然飛快成長為通信設備行業的「小巨頭」，而且是一個有自己獨特企業文化和制度、有著遠大理想、將來有可能走上國際的潛力股公司。

很多企業和政府領導都把華為視作標竿，紛紛前來華為視察、學習、觀摩，這大概是任正非決定起草《基本法》時始料未及的。

外界的讚譽，任正非並不在意。因為他的本意並不是要拿《基本法》作為華為的門面，不是出於宣傳的目的而做出一個華而不實的東西。「它是為了規範和發展內部動力機制，促進核動力、電動力、油動力、煤動力、沼氣動力等一起上，沿著共同的目標，是使華為可持續發展的一種認同的記錄。」如果認為《基本法》僅僅是個形象工程，那就太小看它了，也看錯了任正非的一片苦心。它從一開始就為華為確立了各方面的基本規範，統一了思想和風格，指明了前進的方向。同時代很多公司做大後遇到的發展方向、利益分配、管理模式、公司文化等難題，華為從一開始就悄然解決了。

《基本法》的落實是一個潛移默化的長期過程。

二〇〇三年，任正非請來IBM的專家給華為打分，驗證《基本法》對華為的改變到底有多大。沒想到，經過專業評測，華為的平均分只有可憐的一．八分。五分為滿分，而要稱得上管理高效規範，得分至少要在三．五分以上。

一．八分，與任正非設想的至少二．七分有相當大的差距。可見理念要深入人心是多麼困難和漫長。可喜的是，經過一整年的繼續改進，二〇〇四年，華為的平均分便提高到了二．三分。

二〇〇六年，《基本法》再次修訂，增加了華為產品研發和戰略規劃的主要目的是「豐富人們的溝通和生活」這類新內容，並著重以「聚焦客戶關注的挑戰和壓力，提供有競爭力的通信解決方案和服務，持續為客戶創造最大價值」為奮鬥使命。

第四章

華為遠征：所謂奇蹟，不過是努力的另一個名字

從太平洋之東到大西洋之西，從北冰洋之北到南美洲之南，從玻利維亞高原到死海的谷地，從無邊無際的熱帶雨林到赤日炎炎的沙漠……離開家鄉，遠離親人，爲了讓網路覆蓋全球，數萬名中外員工，在世界的每一個角落奮鬥，只要有人的地方就有華爲人的艱苦奮鬥，我們肩負著爲近三十億人的通信服務的職責，責任激勵著我們，鼓舞著我們。

我們的道路多麼寬廣，我們的前程無比輝煌，我們獻身這壯麗的事業，無比幸福，無比榮光。

——二〇一三年十二月三十日，任正非在公司二〇一三年度幹部工作會議上的演説

1 破壁者任正非

其實，幾千年來，中國傳統文化對於國人出海「遠征」都不加鼓勵，也缺少向外開拓的傳統和興趣，因其不易管理，且向海外拓展之民眾心思活躍，不懼規則，容易成為動亂之源。商人地位的低下和商業文明始終無法突破壁壘，也是出於這個原因。

一七四〇年，正值所謂的康乾盛世時期，荷蘭人對爪哇島巴達維亞城內的華僑進行大屠殺。屠殺持續了一周，華僑被殺上萬人，血流成河，僥倖逃出者僅一百五十人，史稱「紅溪慘案」。

第二年夏天，消息傳回國內，朝廷展開了一年的討論，認為被殺華僑「自棄王化」，「系彼地土生，實與番民無異」，是「彼地之漢種，自外聖化」，因此華僑遭屠殺，「事屬可傷，實則孽由自作」。最後，乾隆下達旨意：「天朝棄民，不惜背祖宗廬墓，出洋謀利，朝廷概不聞問。」並同意「將南洋一帶諸番仍准其照舊通商，以廣我皇上德教覃敷，洋溢四海之至意」。

雖然有強如漢唐的輝煌，也曾北逐匈奴，開通西域，也有鄭和七下西洋的壯舉，但歷朝歷代其實並沒有對海洋產生多少興趣，安然地在海洋、高山和荒漠的安全屏障中，平靜地過著超穩定的生活。直到英國的艦隊來到中國……

近幾十年來，格局開始變化，陸續有中國企業出海遠征，開始對世界的「新征服」。可惜，這個過程並不順利，立足者少，敗退者居多，彷彿有一道看不見的高牆擋住了中國企業出海。

中國人可以去，中國企業不能去。

有牆，自然就有鑿穿牆的人。破壁者中表現最耀眼的，當屬華為。

一九九六年，任正非開始部署華為「走出去」，把大量的優秀銷售——會英語的和不會英語的，願意去的和不願意去的，「下狠心」往海外扔，而且絕不妥協，只有「去」和「不去降級」兩條路。客場作戰，不占天時、地利、人和，華為人能拚的只有自己的命，咬著牙比同業更快、比同業更能吃苦，同業做不了的，華為拿過來拚命做。就是這批操著不熟練的英語甚至根本不會英語的華為人這般拚命，拿下第一張海外訂單。那是一九九九年，他們終於在越南和寮國得標。這三年間，是華為海外拓展人員忍饑挨餓的三年，是掙扎求生的三年。

二〇〇〇年底，華為在深圳五洲賓館舉行了著名的海外市場誓師大會。二〇一六年十月二十八日，華為再次大規模遠征海外，任正非在「出征．磨礪．贏未來」研發將士出征大會上做了「春江水暖鴨先知，不破樓蘭誓不還」的演說：

在當前行業數位化及網路轉型的時機，我們從研發集結了二〇〇〇名高級專家及幹部，奔赴戰場，與幾萬名熟悉場景的前線將士，結合在一起，形成一個奮勇行進的軍隊。在機會窗開啟的時間，撲上去，撕開它，縱向發展，橫向擴張。我們的總戰略正如徐直軍在法蘭克福寬頻大會上所說的，「做多連接，撐大管道」。我們錯過了語音時代、數據時代，世界的戰略高地我們沒有占據，我們再不能錯過圖像時代。我們不能像過去一樣，以招聘新員工培訓後撲入戰場，等三至五年他們成熟的時候，這個機會窗已經半開半掩了，我們又失去了一次占領圖像高地、雲端化時代的機會。因此，我們短時間直接選拔了有十五至二十年研發經驗的高級專家及高級幹部投入戰場，他們對技術深刻的理解能力，與前線將士的戰場掌控能力結合在一起，一定會勝利的。

像這樣的誓師大會，我印象很深的，還有二〇〇〇年五洲賓館出征將士的送行大會。「青山處處埋忠骨，何須馬革裹屍還」的大標語，充滿了一種悲壯，其實我們那時連馬革也沒有。為了身分的證明，我們需要世界市場的成功，在完全不瞭解世界的情況下，就踏入了茫茫的「五洲四洋」，那時非洲還在戰亂中……風蕭蕭兮易水寒，在那外匯管制的時代，常常發生我們的員工在麥當勞刷不出卡來的窘境。有一本小書《槍林彈雨中成長》就記錄了一代人的艱辛。今天能達到八百多億美元的銷售收入，融進了多少人的青春、血汗與生命。我們今天成功了，不要忘記一起奮鬥過的人。不要忘記不管是因公，還是因私，獻出了生命的人。我們今天已有大片土地，一定能找到紀念他們的形式。

今天我們的勇士又要出征了，我們已經擁有一百七十個國家全副武裝到牙齒的鐵的隊伍，我們的流程 IT 已經能支援到單兵作戰。每年我們仍會繼續投入上百億美元，改善產品與作戰條件。我們要從使用「漢陽造」到駕駛「航母」的現代作戰方式轉變。我們除了在傳統增量市場大量培養將軍，創造成績，多生產糧食外，在新的機會領域，我們也要努力成長。雲端化是我們不熟悉的領域，圖像雖然我們領先，但海外除德國有大規模實踐的經驗外，在其他國家還沒有規模化的成功，還沒有建立一支成熟的隊伍。特別是面對大視頻帶來的流量洪水和更低的時延要求，我們還沒能駕馭。戰略預備隊只能一邊學、一邊教、一邊做，讓「小老師」逐漸成為「大教授」，讓二等兵在戰火中升為將軍。大時代呼喚著英雄兒女，機會將降臨到有準備的人頭上。大江東去浪淘沙，天翻地覆慨而慷，不能打仗的主官將會離開崗位。隨時準備下臺，才能不下臺。

服務是我們進攻中的重要防線，網路容量愈來愈大，愈來愈複雜，維護愈來愈困難，任何新公司、「黑天鵝」要全球化，都不可逾越此障礙。沒有多年的累積是不可能建立起活的「萬里長城」、「馬奇諾防線」，我們這道歷時二十八年建立的服務體系，無法輕易超越，特別是這條防線正在逐步人工智慧化。GTS這些年的進步，為我們建立了鞏固防線，使我們進可攻退可守。我們迫切需要更多的專家、將軍，建立起對未來複雜網路更鞏固的防線。「江山代有才人出」，服務將是我們不敗的基礎。

二十多年前我們走出國門，是為了身分的證明，我們曾借用「二戰」蘇聯紅軍瓦西里．克洛奇科夫的一句口號，「背後就是莫斯科，我們已無退路」。莫斯科不是我們的，我們根本就沒有任何退路。我們向前走，被認為是共產主義在進攻，退後被認為是資本主義在萌芽，當我們拖著疲憊的身體回到家裡時，面對陌生的妻兒，一句話也說不出來，因為對客戶說得太多了。在他們最需要陪他們遊戲，給他們講講故事……的時候，我們生命的時間，完全被為生存而戰全部絞殺了。兒女總有一天會明白他們的父母無怨無悔的一生，明白他們父母像中央空調一樣溫暖了全人類，沒有像電風扇只吹拂他們的偉大情懷。但是，我們永遠不能報答自己父輩良心上的自責，且將久久縈懷。

我們除了在市場戰線要獲得成功，在技術戰線我們也要有所作為。我們每年除了給開發撥付八十億至九十億美元以上的開發經費，還將給研究每年超過三十多億美元的經費。我們為什麼要延伸到基礎研究領域？因為這個時代發展太快了，網路進步的恐怖式發展，使我們不能按過去科學家發表論文，我們理解後去做工程實驗，然後出產品，這樣緩慢的道路。我們現在就要選擇在科學家探索研究的時候，探進腦袋去思考如何工程化的問題。我們不僅要使自己數十個能力中心的科學家和工程師努力探索，不怕失敗，而且要越過工卡文化，大量支持全球同方向的科學家。我們的投資不具狹義目的。正如我在白俄羅斯科學院所說的，我們支援科學家是無私的，投資並不占據他的論文，不占有他的專利、他的成果，我們只需要有知曉權。不光是成功的，也包括他失敗過程的知曉權。像燈塔一樣，你可以照亮我，也可以照亮別人，而且燈塔是你的，完全不影響你產業化。

我們今天集結二〇〇〇多名高級專家及高級幹部走上戰場，讓他們真正去理解客戶需求，背上他們自己製造的降落傘，空降到戰火紛飛的戰場。「春江水暖鴨先知」，你不下水，怎麼知道天氣變化？當前「天氣預報」絕大多數都是美國做出的。美國不僅集中了大量優秀人才，而且創新機制、創新動力洶湧澎湃。我們要敢於聚焦目標，飽和攻擊，英勇衝鋒，不惜使用范弗里特彈藥量，對準同一城牆口，數十年持之以恆地攻擊。敢於在狹義的技術領域，也為人類做出「天氣預報」。努力在基礎科學上領先，與以客戶為中心並不矛盾。客戶需求是廣義的，不是狹義的。

正如胡厚崑所說的，我們每年要破格提拔四千多名員工，以啟動奮鬥的力量，讓優秀人才在最佳時間、最佳角色做出貢獻。人力資源的評價體系要一國一制，用什麼考核什麼，不進行無目的的考核，讓前線將士聚焦在作戰上。人力資源要研究熱力學第二定律的熵死現象，避免華為過早地沉澱和死亡。

郭平提出，用法律遵從的確定性，來應對國際政治的不確定性，給我們指出了正確處理國際關係的方向。我們的財務管理已達到行業領先水準，結束區域網站存貨無法盤點的歷史，中心倉儲存貨的帳實準確率九九．八九％，網站存貨的帳實一致率九九．一七％。有成功實踐經驗的優秀專家及幹部正在大規模成長，但不能就此滿足。要有應對金融危機的預案，要壓縮超長期庫存和超長期欠款。提高合約品質是最根本的措施。

經過三十年的奮鬥，華為已從幼稚走向了成熟，成熟也會使我們怠惰。只有組織充滿活力，奮鬥者充滿一種精神，沒有不勝利的可能。炮火震動著我們的心，勝利鼓舞著我們，讓我們的青春無愧無悔吧。

春江水暖鴨先知，不破樓蘭誓不還。

華為從一九九六年開始「走出去」，十年後的二〇〇五年，海外銷售額就超過了國內銷售額！到了二〇一六年，華為的業務已經遍及一百七十多個國家和地區，支援一千五百多個網路的穩定運行，服務全球三分之一以上的人口。

這些數字的背後，是華為十八萬人的沉默大軍一直朝著不變的方向跋涉著。無論是在疾病肆虐的非洲，還是在硝煙未散的伊拉克，或者海嘯災後的印尼，以及地震後的阿爾及利亞，到處都可以看到華為人奮鬥的身影。

華為人像沙漠中的仙人掌，深深地扎根下去，堅忍地生存著。用華為一個財務外派人員的話說：「如果世上真有奇蹟，那只是努力的另一個名字。」誠如所言。

2 爬冰臥雪俄羅斯

華為真正的海外拓展第一站是俄羅斯。之所以選擇俄羅斯，是因為任正非敏銳地發現俄羅斯很適合成為華為海外開拓的缺口。

當時的俄羅斯正處於蘇聯解體後的虛弱時期，葉利欽的「休克療法」差點兒讓俄羅斯真的休克，盧布貶值，整個俄羅斯一片蕭條，很多大型通信企業紛紛離開了這片冰凍之地。競爭對手離開，華為便乘虛而入。

一九九六年，第八屆莫斯科國際通信展開幕，任正非親自參加，大力宣傳華為。市場空白有了，華為卻無法順利占領。俄羅斯人普遍看不起中國商品，尤其是當時中國的假冒偽劣產品在俄羅斯臭名昭彰，他們根本不相信中國有企業可以生產出優質的通信產品。雖然華為與俄羅斯電信公司和俄羅斯本地企業貝托康采恩公司合資成立了貝托華為公司，但並沒有馬上改善華為在俄羅斯的僵局。一九九八年，俄羅斯金融危機爆發，又給俄羅斯電信業補上了一腳。執拗的任正非從國內調來了得力幹將——當時在湖南做得風生水起的李傑，嚴令他必須打開俄羅斯市場。

李傑後來接受採訪時回憶他接手俄羅斯市場的情形：「有在打官司的，有在清理貨物的，官員們走馬燈似的在眼前晃來晃去，我不光失去了嗅覺，甚至視線也開始模糊了。於是，我不得不等待，由一匹狼變成了一頭冬眠的北極熊。」

生怕李傑灰心怠惰，任正非「惡狠狠」地提醒李傑：「如果有一天俄羅斯市場復甦了，華為卻被擋在了門外，你就從這棲上跳下去吧！」深知任正非的軍人風格，李傑只回覆了一個字：「好！」

一九九八年，李傑回饋給任正非的報告中僅僅寫了四個字：「華為還在。」一九九九年，華為在俄羅斯依然一無所獲。

華為第一批拓展人員在海外所受的苦，是常人難以想像的。苦到什麼程度呢？華為的一位資深拓展人員回憶說，華為會給拓展人員六個月的時間解決個人生存問題。你沒看錯，是個人生存問題。衣、食、住、行，語言、簽證、雇人、安保，這些都要拓展人員自己想辦法解決。只要他們解決了生存問題，華為就發獎金！

接下來六個月，華為要見到客戶。這個階段，公司的考核是一年見到了多少客戶，客戶的層次如何。

語言不通，人生地不熟，華為在當地沒有基礎，當地人沒聽說過華為，這種情況下如何見到客戶？

相較於跨國公司，只要你說是朗訊或愛立信公司駐某國的首席代表，基本上就能見到該國的所有營運商高層。所以，當時朗訊和愛立信根本不用為見客戶煩惱，而華為的拓展人員還要為如何見到客戶絞盡腦汁。即便闖過門禁一關，見到客戶，其層次往往也不高，且對華為充滿質疑和不屑。因為語言不通，華為在標案時鬧出了很多笑話，有把土建工程當電信的，甚至投標衛星標的。

幾年之後，很多國家都在發新的行動通信牌照，拿到牌照的營運商不僅要求設備商負責通信設備調測，還要負責網站取得、電力引入、基地塔臺、機房、空調等基礎設施建設，這類項目叫 Turnkey，涉及各個層面，難度極大。而在當時，華為這群剛出校門沒幾年，只熟悉電腦、資訊領域的毛頭小子，甚至不知道磚塊的尺寸、水泥的標號，就要開始面對上億美元的項目。

一名華為海外拓展員工描述當初的慌亂景象，十分有趣：一開始，華為對於工程沒有經驗，投標時，報價要不就是愛立信的兩三倍，要不就只是愛立信的兩三成。高價得標，回去會被公司罵；報低價的，自己暗地裡求佛祖保佑，千萬別得標，因為一旦得標就虧死了。

華為的重要篇章《天道酬勤》裡有一段文字，講的就是華為在海外拓展的這個「毛頭小子」階段：「我們從青紗帳裡出來，還來不及取下頭上包著的白毛巾，一下子就跨過了太平洋；腰間還掛著地雷，手裡握著手槍，一下子就掉進了Turnkey工程的大窟窿裡……」

不愧是被任正非看中的人，短暫迷惘後，李傑很快打起精神，開始組建當地的行銷隊伍，結交了一批營運商的管理層，形成了主要的客戶群。

李傑從俄羅斯國家電信局收穫的第一張訂單是幾個電源模組，價值三十八美元。如此小的一筆買賣，也讓李傑大為振奮。

李傑把華為在國內的拚命精神也帶到了國外。爬冰臥雪數年，李傑就像堅忍的草原雪狼，咬著牙忍耐，終於苦盡甘來，等到了俄羅斯經濟復甦的那天，也迎來了華為在俄羅斯的春天。

二〇〇〇年，華為斬獲烏拉爾電信交換機和莫斯科MTS移動網路兩大專案。

二〇〇一年，貝托華為獲得了俄羅斯郵電部認證許可的俄羅斯國產廠商的殊榮，華為還與俄羅斯國家電信部門簽署了上千萬美元的GSM設備供應合約。

二〇〇二年，華為又取得了三千七百九十七千公尺的超長距離320G的聖彼得堡到莫斯科國家光纖線的訂單。

二〇〇三年，華為在俄羅斯的營業額超過一億美元！

二〇〇四年，華為在獨聯體的銷售總額是四億美元，第二年，增長到六・一四億美元！

到了二〇〇七年，進入俄羅斯市場十年後，華為終於成為俄羅斯電信市場的領導者之一，與俄羅斯所有頂級營運商都建立了緊密的合作關係！

3 非洲：「農村包圍城市」2.0版

之後，華為把注意力集中到了非洲。

二〇〇七年，一個華為員工第一次被外派，去安哥拉首都魯安達常駐。

「海外生活的前三個月簡直痛不欲生，生活條件差也就罷了，我完全聽不懂當地英語（官方語言是葡語），產品知識也不熟悉，毫無市場經驗，不敢去見客戶。專案中跟不上大家，領導的壓力、同事的質疑，我每天都想放棄，想回家。晚飯後，我常和廚師老趙在院子裡面轉圈（外面不安全），我低著頭不說話，就這麼不停地走啊走，一直走了幾個月。」

魯安達治安不好，到處是內戰期間遺留下來未拆除的地雷，為了安全，他們過著「宿舍—辦公室—客戶」三點一線的簡單生活，儘量減少外出。即便如此，某天外出見客戶，在市中心堵車，他們還是被六七個當地人拿著石塊、鐵棍，光天化日下搶走了電腦、護照、現金和信用卡。

戰亂、暴動、恐怖襲擊、疾病也層出不窮。華為許多辦事處都遭遇過槍戰，甚至爆炸襲擊。

在剛果（布拉薩市），華為要在兩座城市之間建核心無線網路。關鍵是這兩座城市之間是原始森林，根本就沒有道路，很多當地的發包商都說建不了。於是華為找了一家中資發包商，用了很多推土機，包括能推倒大樹的大型機器，一路開過去，一路建基地站。用了兩個月時間，他們就開通了一條路，讓客戶大為震驚，客戶一直認為至少要花上一年以上的時間才能完成。於是，華為又順勢獲得了這條線路的管理服務專案。

要維護管理，就要與線路經過的地方武裝部隊打交道，不然就會挨黑槍。華為員工竟然說服了他們，以每月四百五十美元的價格（比正規維護價格還便宜五十美元！），雇用他們替基地站做維護保養。有趣的是，反政府武裝部隊做得非常認真，比正規的維護人員還用心。

在瘧疾高疫情區，第一次得瘧疾的華為人可以申請瘧疾獎，有一萬塊人民幣。瘧疾這種足以致命的疾病，對很多華為員工來說，成了類似感冒的常見病。被派駐到馬拉威的華為員工，由於對瘧疾重視不夠，經常有人罹患瘧疾，其中有個無線產品主管在做TNM無線二期項目時，一個月內得了四次瘧疾，每週一瘧。「雨季期間，有些時候，傍晚你從馬拉威湖面上會看到『龍捲風』，黑壓壓直沖雲霄。其實那不是龍捲風，而是上億隻蚊子從水裡往上飛出來。」

因為當地治安不好，華為人要儘量避免單獨外出，週末出去買菜也要幾個同事一起走。小心再小心，但還是有很多華為人被搶，甚至在屋子裡也會被花匠持槍搶劫。

非洲很多地方基礎設施薄弱，沒有公路。由於項目交付都是在野外安裝、調測基地站，華為的工程人員經常連續駕車三四天趕往野外網站施工。周遭荒無人煙，他們只能自己帶上幾桶水和一些乾糧充饑解渴，吃住都在車上。

華為的非洲開拓歷程，堪稱當代的《西遊記》，得經歷九九八十一難。

有個著名的故事，據傳在查德，華為員工沒有什麼娛樂項目，無聊到沒事兒就追著院子裡的雞跑，後來那隻雞累死了……

還有某海外代表處位置靠近海邊，每年到了特定季節，海灘上便會有大量的海龜登岸產卵。於是，到了夜晚，工程師們個別會在休息時間去將海灘上的海龜一隻隻翻了身，再翻回來……

故事可能有些誇大，但也說明外派人員生活的苦悶。

與一九九六年開拓俄羅斯類似，任正非對於部署非洲有他的考量：「當我們走出國門開拓國際市場時，放眼一看，看得到的『良田沃土』早已被西方公司搶占一空。只有在那些偏遠、動亂、自然環境惡劣的地區，他們動作稍慢，投入稍小，我們才有一線機會。」

簡單來說，這是任正非前幾年在國內「農村包圍城市」的2.0升級版。

可是，即便在如此落後、偏遠，與中國有著良好關係的非洲，華為的開拓也是步步艱辛。「華為是什麼？」、「中國企業能有先進的通信技術？」質疑聲浪不斷。華為在非洲的開拓人員回憶說：「大部分非洲人民印象中的中國，就是旗袍、自行車和中國功夫，他們覺得中國的通信技術和設備根本不行。我們在產品宣傳會上介紹華為的智慧網符合國際某某標準，常常引來臺下的哄堂大笑，認為中國公司怎麼可能達到這樣高的水準，笑過之後便一哄而散，留下尷尬的我們。」於是在競標中，華為屢屢敗於愛立信、諾基亞等西方企業之手，開拓之路十分艱難。

這些西方企業在非洲，赫然是當年在中國「七國八制」的翻版，要價奇高，華為開拓者的到來，直接將價格拉低了二〇%至三〇%！

華為初期拿到的專案，往往難度很大，工期要求非常緊，開拓人員便咬牙接了下來，夜以繼日，拚了命地完成，由此獲得了客戶的認同和信任。

還有一些項目，是同業基於當地的戰亂、瘟疫而選擇放棄，華為便接手過來。二〇一四年，獅子山正處於伊波拉病毒疫情擴散期間，同業已經撤離，只有華為還在與客戶一起堅守，之後便接手了同業的業務，並取得了新的合約，實現了全市場占有率。「堅守」兩個字，背後是對死亡的恐懼，是國內家人的擔心，是置之死地而後生的決心。

華為的品牌，就是在這一場場的拚命中從無到有建立起來的。

二〇〇〇年，國務院副總理吳邦國訪問非洲時，親自點名任正非隨行，目的之一便是瞭解中國政府能夠為華為開拓海外市場提供哪些幫助。

二〇〇四年，華為承包的肯亞智慧網改造升級宣告成功，整個工程耗資三千四百萬美元。

二〇〇五年，華為在南非的銷售額已經突破了十億美元，其通信網路產品、技術和服務幾乎覆蓋了整個南非。

二〇〇六年，華為在模里西斯建起了第一個 3G 商務處。同年，華為在石油王國奈及利亞承建了國內傳輸網，這是全非洲最長的國內傳輸網。

4 灰度哲學：任正非打開歐洲大門

華為曾有一種說法：要倒下五批人，才能做起來一片市場。此言不假。

二〇〇四年，愛立信嘲笑華為所謂全球十一個3G網路的基站數量還不如愛立信一個3G網路的基站數量多。當時華為的3G網路都是在一些小國家開的，如模里西斯。華為也意識到以華為當時的市場地位，這樣的格局非常危險，一個併購就可以把華為掃地出門，所以當時就立下進入主流國家和做主流營運商的目標。

時至今日，在華為人外派的選擇中，非洲仍然是最艱難的一件，雖然這些年來非洲各地代表處的條件已經有了極大的改善。相比之下，東南亞、歐洲、南美，則是華為人心目中最好的外派地區，環境優美，生活品質高，市場成熟。可是，當初在歐洲立足其實並不比在非洲容易。

那裡是愛立信、西門子、阿爾卡特的大本營，盤踞著多家龐大而嚴謹的電信營運商，想在資本主義的發源地把華為的品牌樹立起來，打破這個早已壟斷瓜分完畢的市場，難於上青天。

「二戰」時，盟軍的諾曼地登陸用了兩個多月，華為則花了兩三年，被擋在海灘上，進退不得。

任正非的策略是採用輪子戰略，到處走，到處看，把人撒出去充當哨兵。經過分析，任正非決定將法國作為征戰歐洲的突破點，攻破歐洲的銅牆鐵壁。

法國人生性浪漫，講究美食，不像德國人那麼嚴謹，不像英國人那麼死板。相形之下，德國、英國食物的單調乏味簡直令人髮指。由此也能看出三個國家人民的性格差異。

法國分公司的總經理溫群直接把法國人稱作「歐洲的中國人」，發現「他們也好美食，也特別講朋友關係」。為了更貼近客戶，溫群把自己從頭到腳都「法國化」了：吃法國大餐，穿法國衣服，學習法語，甚至給自己取了個法國名字。

進軍法國第二年，法國電信營運商 NEUF 決定在法國全境建立一套核心光纖網路系統，使用者只需要每月付三十歐元，就能享受到電視節目、網路和傳統電話的全套服務。

法國人喜歡講朋友關係的特點幫了華為的大忙。

華為之前在與法國一家系統整合商阿爾斯通的合作中，給對方留下了極其深刻的好印象。原本ＮＥＵＦ擬定的合作企業名單中並沒有華為，沒想到阿爾斯通的高層人員直接致電ＮＥＵＦ的ＣＥＯ蜜雪兒．保蘭，強力推薦了來自中國的華為。

華為大喜過望，為了表示合作的誠意，主動提出了合作價格上的優惠，並保證三個月內完成項目。

以超凡的速度完成任務，是華為的拿手好戲。在這一點上，歐洲企業反應的遲緩令人焦慮又無奈，客戶提出的建議，往往要過半年乃至一年才能改進。這也是這些跨國公司在中國被華為逐個擊敗的原因之一。

一九九六年華為進入香港。當時李嘉誠的和記電信要求在三個月內完成所有的移機不改號，和記找了許多歐洲供應商，都做不到三個月內完成，最快的也要六個月，且報價相當高。有人推薦了華為，結果華為硬是在不到三個月的時間內，圓滿完成了任務。

這次法國的項目，華為的集體戰鬥力在這三個月內展現得淋漓盡致，不到三個月，華為圓滿完成任務，令ＮＥＵＦ刮目相看。

蜜雪兒．保蘭對華為的評價極高：「這為我們節約了至少一〇%的投資，而且我們獲得了想要的速度。要知道，幾年前所有的市場都是法國電信的，而現在我們成了它最大的競爭對手。」

華為在法國名聲大噪，順利打入法國市場，之後還成為NEUF的第一供應商，把思科、阿爾卡特遠遠拋在後面。

由於歐洲市場國家眾多，華為採取了完全不同於俄羅斯市場的發展策略，主要方式就是透過聯合開發和招投標雙管齊下，獲得了大量的供貨合約。

有人曾說，華為是以低價競爭贏得市場的，這種說法並不完全正確。華為的低價，是建立在優秀技術和廉價人力成本基礎上的合理降價，低得合情合理，理直氣壯。

在國際市場上，尤其是在歐美先進國家，營運商更看重的是產品品質基礎上的性價比，只有產品具有高品質、先進的技術、合理的價格，並且提供到位的服務，才會得到營運商的青睞。華為高性價比的產品，加上快速回應客戶的需求，才是它屢屢獲得海外營運商訂單的主要原因。

二〇〇九年，華為在巴黎近郊舉行了隆重的新址落成儀式，慶祝華為的三家研發中心在法國成功創立。這三家研發中心，分別負責無線技術的基礎性研發、固定寬頻的技術性創新和行動寬頻性能的革新流程。歐洲第一站，法國，成功！

但是，在英國，任正非的華為遭到了英國人的嚴苛挑剔。

這個老牌的資本主義國家雖然早已頹落，然而心態上仍保有與生俱來的高傲和優越，他們不相信華為能造出高性能的交換機，也根本不給華為投標的機會。

歷經大陸國內市場的競爭，閱歷俄羅斯和非洲市場的考驗，有了法國的順利開局，任正非對於拿下英國還是有所信心。他決定「擒賊先擒王」，矛頭直指英國最大的電信公司——英國電信集團，然後居高臨下，勢如破竹地打開英國市場。

二〇〇三年底，經過一番艱苦的運作，華為終於跨過了「高門檻」，進入了英國電信集團的「廿一世紀網路」競標行列，條件是英國電信集團要對華為進行一次實地考察。

這次考察共四天，不僅要考察華為的技術和產品品質，更重要的是考察華為的管理體系、品質控制能力，特別是對於產品蘊含的可複製性和可預測性的把關。

四天後，英國人給華為的十三個考核單元打出了分數：華為在基礎設施上得分較高，在業務的整體交付能力等軟性指標上嚴重不及格！

英國人做出最終的結論：「華為還沒有針對英國電信的明確商業計畫，除市場人員外，其他部門的員工還不清楚英國電信對供應商的基本要求，所以不可能為英國電信提供具有針對性的支持和服務。」最後，英國專家給出了一句可以理解為善意也可以理解為嘲諷的「祝福」：「希望華為能成為進步最快的公司。」

英國電信集團的考察當頭澆了華為一桶冷水，任正非感到羞辱，卻也幫他敲響了警鐘。華為與西方大公司的差距不是一時半刻就能縮小的，也不是僅憑熱血犧牲和艱苦奮鬥就能抵銷的，華為要順利走向全球，與西方企業一爭長短，還有很長的路要走。

此後，華為不惜耗資數億人民幣，學習英國電信集團在管理和品質控制等方面的長處。經過一個階段的學習，華為有了長足的進步。

二○○四年，英國電信集團再度減少合作名額，僅僅保留八家最優秀的合作商，外界將這次的競標短名單稱為「八家短名單」。

任正非知難而上，指示要不遺餘力地打擊「八家短名單」。

經過五六輪考驗，華為終於在二○○五年四月成為英國電信集團「廿一世紀網路」的優先供應商。

這次競標成功，對於華為的意義遠遠大於投標成功本身，是華為邁向全球高端市場的重要開端。「這不僅是為了英國電信，而且是為了真正接近世界級電信設備商的管理水準。今後都是硬碰硬的較量，取巧不得。華為被認證的過程比認證的最終結果對我們更有意義。」

任正非「擒賊先擒王」的策略大獲成功，其效應十分明顯。看到電信龍頭認可了華為，其他電信公司紛紛向華為伸出了橄欖枝。

二〇〇五年十一月，華為與固網龍頭沃達豐達成合作。二〇〇六年，華為在倫敦有了分公司。

華為順利贏得英國攻堅戰，向世界級企業邁出了關鍵的一步！

歐洲的最後一站，也可以說是最後一戰，即德國。

德國是一個作風強悍的國家。在歷史上，英國的帝國艦隊曾稱霸全球，法國的拿破崙曾橫掃歐洲，德國也在「二戰」中以一己之力對抗蘇、英、美、法，雖然戰敗投降，但德國軍事力量的強大、科學水準的先進，令人印象深刻。

依靠戰前的經濟技術基礎，戰後德國的恢復十分迅速，很快便成為世界第二大經濟強國。

德國是歐洲的發動機，處於歐洲電子通信的先驅地位。德國產品的品質和技術含量是世界聞名的，超過二七％的德國生產型公司的銷售額，都來自創新型的高科技產品。在英國和法國，這個比例低於一六％，在芬蘭是二一％。

還沒有一個先進國家像德國那樣，生產出如此高附加價值的科技產品。德國公司平均會將超過七%的銷售額再投入研發先進的技術產品，這一點與華為十分相似。

當時，以低劣假冒產品著稱的「Made in China」要殺入以高品質、高科技著稱的德國，難度之大可想而知，大概也只有任正非這樣的中國企業家才有自信。

德國電信營運商QSC是德國最大的電信營運公司，二〇〇四年，QSC宣布將在德國建設NGN網路。華為與其他競標公司提交了各自的方案，並將各自的設備運到QSC，接受為期四個月的產品對比測試。

二〇〇五年二月，在眾多國際巨頭驚訝的目光中，QSC宣布華為獨家得標企業，華為為NGN專案提交的方案U-SYS的業務相容性、設備穩定性、協定標準性，都是最好的。

QSC同時宣布，將與華為結成戰略合作夥伴，共同建設覆蓋德國全境二百多座城市的NGN網路。二〇〇七年，華為將歐洲總部從英國遷往德國的杜塞爾多夫。

華為終於完成了在歐洲的布局。

在歐洲的其他國家，如荷蘭、西班牙、挪威、捷克，華為都順利拿下了專案，站穩了腳跟。

這裡的「站穩腳跟」，不是狼闖進羊群，徹底消滅了對手，不是「華為過處，寸草不生」，而是華為漸漸「本土化」，與競爭對手和平相處，爭取雙贏。

狼群為何要與對手和平共處？喪失了殺戮本性的狼群，還是狼群嗎？

其實不然，這就是任正非的「灰度哲學」。

在千百年來累積的「鬥爭哲」耳濡目染下，中國人很容易陷入你死我活的拚搶。百餘年來的積貧積弱和落後挨打，更讓中國人習慣了激進的革命而不是緩慢的改良，非黑即白，非此即彼，非友即敵。在二十世紀九〇年代大陸國內企業的市場競爭中，更是充斥著「為達目的不擇手段」，一切以結果為導向。

華為的起步太低，在當時中國的市場環境下，不採用「狼性」，根本無法生存下去，這是自然的選擇。狼性成就了華為，也損害著華為。

任正非是個脾氣暴烈之人，但他又是個極度冷靜的人，客場作戰，身為「入侵者」，華為在國外遇到的情形跟當初華為反擊國內那些跨國集團是一樣的，攻守易勢，天時、地利、人和，華為一樣都不占。強敵環伺下打擂臺，看著很爽，其實一點兒好處也沒有。——「當我們一家獨大的時候，就是我們死亡之時。」

「華為不是要滅掉誰家的燈塔，華為要豎起自己的燈塔，也要支持愛立信、諾基亞的燈塔永遠不倒，華為不獨霸天下……」、「華為過去市場走的是從下往上攻的路線，除了質優價低，沒有別的辦法，這把西方公司搞死了，自己也苦得不得了。」狼性是叢林智慧，灰度哲學同樣是叢林智慧，同時也滲透了道家的精髓，即水可以百折千回，終歸大海。看似無為，卻無不為；看似至柔，能克至堅。

在海外市場，灰度和妥協更是必要的：方向是不可妥協的，原則也是不可妥協的。但是，實現目標過程中的一切都可以妥協，只要它有利於目標的實現，為什麼不能妥協一下？當目標方向清楚了，如果此路不通，我們妥協一下，繞個彎，總比原地踏步好，幹嘛要一頭撞到南牆上？在一些人眼中，妥協似乎是軟弱和不堅定的表現，似乎只有毫不妥協，方能顯示出英雄本色。但是，這種非此即彼的思維方式，實際上是認定人與人之間是征服與被征服的關係，沒有任何妥協的餘地。「妥協」其實是非常務實、通權達變的叢林智慧，凡是人性叢林裡的智者，都懂得在恰當時機接受別人妥協，或向別人提出妥協，畢竟人要生存，靠的是理性，而非意氣。

為此華為放棄了一些價格競爭的手段，轉而在多個領域與競爭公司展開合作，並每年支付這些同業專利使用費。這樣過了五六年，華為與同業的關係愈來愈融洽，競爭對手成了朋友。當初任正非用「全員持股」的方式，把華為黏合成一個強而有力的團隊，現在，任正非覺得完全可以把「全員持股」也來個 2.0 版：我們可以強大到不能再強大，但是如果一個朋友都沒有，我們能維持下去嗎？顯然不能。我們為什麼要打倒別人，獨自稱霸世界呢？想把別人消滅、獨霸世界的成吉思汗和希特勒，最後都滅亡了。華為如果想獨霸世界，最終也是要滅亡的。我們為什麼不把大家團結起來，和強手合作呢？我們不要有狹隘的觀點，想著去消滅誰。我們和強者，要有競爭也要有合作，只要有益於我們就行了。

華為跟別人合作，不能做「黑寡婦」。黑寡婦是拉丁美洲的一種蜘蛛，這種蜘蛛在交配後，母蜘蛛就會吃掉公蜘蛛，作為自己孵化幼蜘蛛的營養。以前華為跟別的公司合作，一兩年後，華為就把這些公司吃掉或甩掉。我們已經夠強大了，內心要開放一些，謙虛一點，看問題再深刻一些。不能小肚雞腸，否則就是楚霸王了。我們一定要尋找更好的合作模式，實現共贏。研發雖是比較開放的，但還要更加開放，對內、對外都要開放。想一想我們走到今天多麼不容易，我們要更多地吸收外界不同的思維方式，不停地碰撞，不要狹隘。

華為的發展壯大，不可能只有喜歡我們的人，還有恨我們的人，因為我們可能導致了很多個小公司沒飯吃。我們要改變這個現狀，要開放、合作、實現共贏，不要一將功成萬骨枯。比如，對於國家給我們的研究經費，我們不能不拿，但是我們拿了以後，是否可以分給其他需要的公司一部分，把恨我們的人變成愛我們的人。前二十年我們把很多朋友變成了敵人，後二十年我們要把敵人變成朋友。當我們在這個產業鏈上拉著一大群朋友時，我們就只有勝利一條路了。

「開放、合作、實現共贏」，就是團結愈來愈多的人一起做事，實現共贏，而不是共輸。我們主觀上是為了客戶，一切出發點都是為了客戶，其實最後得益的還是我們自己。有人說，我們對客戶那麼好，客戶把屬於我們的錢拿走了。我們一定要理解「深淘灘，低作堰」中還有個低作堰。我們不要太多錢，只留著必要的利潤，只要利潤能保證我們生存下去。把多的錢讓出去，讓給客戶，讓給合作夥伴，讓給競爭對手，這樣我們才會愈來愈強大，這就是「深淘灘，低作堰」，大家一定要理解這句話。這樣大家的生活都有保障，就永遠不會死亡。

二〇一三年，當歐盟的貿易專員發起對華為的所謂反傾銷、反補貼調查時，愛立信、阿朗、諾西等，全部站出來為華為背書，說華為並沒有做低價傾銷。

這就是任正非獨創的灰度哲學的效應。

在華為全球拓展的過程中，打入歐洲是一個里程碑，基於在歐洲市場的巨大成功，這裡也被稱為華為的「第二個本土市場」。

接下來，任正非雄心勃勃地把美國作為其全球商業帝國的最後一塊拚圖，華為要把紅旗插到美國去，讓中國的國旗和華為的旗幟飄揚在美國上空！只是沒想到，華為的美國之路竟是如此艱難，剛剛試探要進入，華為就被美國的思科頂了回來，提出了訴訟！

強悍的任正非在美國碰到了他人生的一道生死關。

偏偏這個時候，任正非正陷於大陸國內的困局：IT泡沫破滅，華為管理陷入混亂；他最喜愛的李一男出走創業，隨後組建港灣，與任正非展開了兇狠的搶奪；母親突遭車禍去世，任正非內心悲痛不能自已，罹患多種癌症……

任正非無數次預言的「華為的冬天」，真的來臨了！

第五章

華為的冬天：峭壁攀岩者

公司所有員工是否考慮過，如果有一天，公司銷售額下滑、利潤下滑甚至會破產，我們怎麼辦？我們公司的太平時間太長了，在和平時期升的官太多了，這也許就是我們的災難。「鐵達尼」號也是在一片歡呼聲中出的海。而且我相信，這一天一定會到來。面對這樣的未來，我們該怎麼處理，我們是不是思考過？

我們有好多幹部盲目自豪，盲目樂觀，如果想過的人太少，也許就快來臨了。居安思危，不是危言聳聽。………十年來我天天思考的都是失敗，對成功視而不見，也沒有什麼榮譽感、自豪感，而是危機感。也許是這樣才存活了十年。我們大家要一起來想，怎樣才能活下去，或才能存活得久一些。失敗這一天是一定會到來的，大家要準備迎接，這是我從不動搖的看法，這是歷史規律。

——任正非，二〇〇一年，《華為的冬天》

1 「叛逃者」：李一男

任正非的第一個打擊來自他一直器重的青年天才——李一男。

「技術權威」和「驕縱」，是李一男在華為最顯眼的兩個標籤。

智商過高，少年得志，很多時候對於一個人的整體發展並不是好事。有的人智商突出，情商則往往跟不上，甚至弱於常人，大家可以參考一下美劇《宅男行不行》裡的主角「謝耳朵」——一個智商爆棚、情商為負的少年天才，遠觀可能覺得他有趣，近距離接觸恐怕會被他逼瘋。

李一男便是如此。雖然成了華為舉足輕重的領導人物，但在工作上，李一男還是帶有孩子氣的任性和霸道，最喜歡說的一句話就是「令行禁止」，他的下屬都很懼怕他，因為稍有不慎就會挨上一頓臭罵。就連對待其他副總，李一男也是態度粗暴，動不動就訓斥。一九九六年到一九九八年是李一男在華為風頭最勁的歲月，其酷似任正非的管理方式也充分展現。

這樣的性格，在華為這個菁英匯聚，高智商、高情商人才比比皆是的地方，不可能不跟人起衝突。李一男與鄭寶用原本是校友，李一男進入華為後，鄭寶用對他頗多照應。李一男升上去後，兩個人的矛盾就產生了。凡是鄭寶用支持的，李一男必反對，技術方案上如此，用人上也是如此。兩個人在各種會議上經常吵得面紅耳赤。

為了協調李一男和鄭寶用的緊張關係，任正非費了很大的勁，曾在會議中明確表示：「鄭寶用和李一男，一個是比爾，一個是蓋茲。只有兩個人結合在一起，才是華為的比爾．蓋茲。」可還是沒用。

關於李一男為什麼離開華為，也有傳說是李一男與孫亞芳在工作上有矛盾，不滿意孫亞芳的指手畫腳，而在這場爭鬥中，任正非沒有支持他。

李玉琢曾經問李一男何時有了離開華為的念頭，李一男回答說，是他被派到莫貝克的時候。

莫貝克在華為屬於邊緣地帶，或許任正非是出於一番苦心，想考驗、歷練一下李一男，讓他增強承受力，「苦其心志，勞其筋骨，餓其體膚」，以便日後大用，但李一男顯然認為自己是被發配流放了。那時候李一男還不到三十歲，正是體力和野心最足的時候，一個受人追捧的技術天才，何必留在華為受人擺弄，時刻活在任正非的陰影下？加之與任正非在產品發展方向上有分歧，任正非看重寬頻，李一男則認為IP

是未來的發展方向，於是走出華為，開創自己的一番事業的心思油然而生。

二〇〇〇年，任正非預測通信業的「冬天」馬上就要到來。他的應對之策是來一次內部創業，如果創業不成功，可以回公司，但股權要重新計算。任正非打算把華為的分銷、培訓、內容開發、終端設備等業務外包給華為創業元老，團結一大群志同道合的合作者。這些公司和華為體系有著千絲萬縷的聯繫，互補互助，可以形成共同安全體系。如此一來，華為自身可以收縮戰線，把全部精力集中在核心競爭力的提升上。

但內部創業是有條件的。員工可以拿手中的股權兌換相應價值的產品，可是必須與華為簽訂一份協定，只能代理華為產品，不能做研發。李一男趁機提出要參與內部創業。

李一男的離開對任正非打擊很大。當年，任正非為自己的自我評量打了個C，是在大家的勸說下，才改為B。

然而，任正非還是為李一男在深圳五洲酒店開了隆重的歡送會，並要求公司高層悉數出席。接下來，李一男用手裡的股權兌換了價值一千萬人民幣的公司產品，北上創建港灣公司，成為華為的高級經銷商。

2 圍堵「港灣」

港灣和華為最初的合作是甜蜜的，但是很快，港灣成立一年就迅速推出自己研發的路由器和交換機等數位通訊產品，從華為的代理商逐漸成為華為的競爭對手。

不愧是從華為出來的技術天才，李一男很清楚華為的優勢和劣勢，對產品方向的掌控非常精準，找到了華為在資料通信領域的薄弱點。港灣第一年銷售額就達到二億人民幣，第二年又得到了十億的風險資本。在寬頻ＩＰ產品領域，港灣網路市場占有率在七％至八％，而華為也不過十％至一五％。

港灣更不斷從華為挖人，尤其是吸收了從華為出去的光纖通信創業團隊。從戰略、戰術到企業經營理念，港灣都與華為高度相類，「小華為」的外號由此叫響。

這顯然觸碰了任正非的底線，對任正非來說是不可容忍之事。二○○○年底，李一男離開華為時，專門做了一個〈內部創業個人申明〉，發表在華為內部刊物《優化管理》上，承諾：「作為華為公司的高級幹部，我將本著職業道德在未來的時間內保守公司祕密，維護公司聲譽，我願意和公司簽署相關保密協議以及禁業限制協議。

我所申請成立的內部創業公司也將遵守華為公司關於代理商的各項管理規定，遵守有關的商業準則誠實經營。」此際，華為的日子並不好過。二〇〇一年，華為銷售額是二百二十五億人民幣，直至二〇〇二年，銷售額竟然只有二百二十一億人民幣，華為首次出現負成長！3G的研發暫時看不到未來，任正非正在寒風中苦苦支撐，咬牙等待3G時代的到來。錯失了發展小靈通的巨大機會，被中興步步緊逼，再加上港灣「自己人」暗地挖牆腳，一時間，華為四面楚歌，人心惶惶。任正非擊敗港灣後，回憶起當時的情形，既心酸又悲憤：

你們開始創業時，只要不傷害華爲，我們是支援和理解的。但是你們在風險投資的推動下，所做的事對華爲造成了傷害，我們只好做出反應，而且矛頭也不是對準你們的。二〇〇一至二〇〇二年華爲處在內外交困、瀕於崩潰的邊緣。你們走的時候，華爲是十分虛弱的，面臨著巨大的壓力。包括內部許多人，仿效你們推動公司的分裂，偷盜技術及商業祕密。當然眞正的始作俑者是西方的基金，這些基金在美國的IT泡沫化中慘敗後，轉向中國，以掏空華爲，竊取華爲累積的無形財富，來擺脫他們的困境。華爲那時彌漫著一股歪風邪氣，全高喊著「資本的早期是骯髒的」這口號，成群結隊地在風險投資的推動下，合手偷走公司的技術機密與商業機密，彷彿很光榮一樣，簡直是風起雲湧，使得華爲搖搖欲墜。競爭對手也利用你們來制約華爲。

當時離開華為創業的員工有三千多名，其中不乏中高層，如果開了這道口子，這三千多人中會有多少人轉眼從華為的代理商成為華為的對手？華為內部又該如何穩定？這是原則問題，也是攸關生死的問題。

港灣已經從親生的孩子變成了華為的對手，任正非開始了對港灣的瘋狂狙殺。

二〇〇三年，華為與3Com成立合資公司，目標指向以往並不在乎的中低階市場。凡是港灣參與的專案，華為的報價絕對比港灣來的低。

二〇〇四年，華為專門成立了「打港辦」，開始了對港灣全方位的打壓，不光在業務層面上全面盯防，更高薪挖走港灣整個產品線的研發人員。

港灣的幾條出路，任正非早已有所準備，一一給堵死。港灣尋求西門子的收購，華為便以智慧財產權糾紛，狙擊了德國巨頭西門子；港灣尋求在美國上市，結果美方就多次接到港灣資料造假的匿名舉報，上市之路因而夭折。

對戰耗糧，就看誰的底子厚。二〇〇六年，李一男終於撐不住了，港灣最終也沒有逃脫被華為收購的命運。

任正非對港灣員工發表演說，開頭便是：「我代表華為與你們是第二次握手了。首先這次我是受董事會委託而來的，是真誠歡迎你們回來的。不要看眼前，不要背負太多沉重的過去，要看未來、看發展。」又說：「如果我們都是真誠地對待此次的握手，未來是可以合作做大一點的事情的。如果華為容不下你們，何以容天下，何以容得下其他小公司？」

「父」與「子」的戰爭，以「父親」的勝利告終。但任正非也不是完全的勝利者。「殺人一千，自損八百」，任正非只能用「華為逐鹿中原，慘勝如敗」來形容這場長達七年的戰爭。

無論是哪個民族，對於叛逃者皆是切齒痛恨，從不寬容的。李一男必須回到華為工作兩年乃「降服」的條件，頭銜仍是華為副總裁，同時兼任首席電信科學家。但任誰都知道，芥蒂已生，恩怨未解，任正非和李一男都不可能回到七年前了。

重回華為的李一男自然被剝奪重大事件的決策權和參與權，發配到當時還是冷門的手機部門。

二〇〇八年，兩年期限一到，李一男再次「逃離」華為，到百度擔任首席技術官。

當時李彥宏聲稱：全世界能做百度CTO的只有三個人，李一男就是其中一位。在百度，李一男主導開發了「阿拉丁」計畫。

一份統計顯示，從二〇〇七年到二〇一七年，百度至少有十位副總裁、二十多位高階主管離職。而從二〇一五年至今，百度離職的高階主管就超過十位，可以說是爆發式的高階主管離職潮。

李彥宏雖然不像任正非那樣脾氣暴烈，但他並沒有徹底放權，對李一男來說施展空間不大。二〇一〇年一月，李一男再次跳槽，於無線訊奇12580擔任CEO。外界評價他是吸取了在百度壯志未酬的教訓，想在12580取得完全的掌控權，大展宏圖，但是12580上頭有中國移動，他試圖主導公司的目標自然無法實現。

二〇一一年，他選擇再度離開，以合夥人身分加入了金沙江創投，完成了從職業經理人到投資人的轉變。

二〇一五年，胡依林的牛電科技項目吸引了李一男。資本市場並不看好胡依林的電動車項目，除了有個網路概念，沒技術，也沒有好的團隊，融資處處碰壁。李一男或許是受到了網路創業速成的巨大蠱惑，認為站上了浪頭，為此傾其所有，並對外宣稱這是他最後一次創業。

有了李一男這張王牌，資本和粉絲蜂擁而來。電動車尚未問世，便獲得了GGV、IDG、紅杉、創新工廠李開復、真格基金徐小平等多家明星機構五千萬美元A輪（第一次）融資。

二〇一六年六月，小牛電動車在京東發起群眾募資，五分鐘就完成了五百萬人民幣的眾籌目標，最終達到了七千二百萬人民幣，參與人數達到了十一萬人，成為網路創業的網紅。

李一男把小牛電動車的受眾定位為「都市玩咖」，自己要與「志同道合的年輕人，在這個最好的時代，做件有意義的事情」。

沒想到眾籌剛結束，李一男就因涉嫌在二〇一四年進行內幕交易，被深圳市公安局從機場帶走。由此，他的創業之路戛然而止。

離開了華為和任正非，李一男從此一蹶不振。

3 傷逝

二〇〇一年初，任正非跟隨時任國家副主席的胡錦濤出訪歐洲。一月八日訪問結束，任正非身在伊朗，噩耗傳來：「母親被車撞了，傷勢嚴重，速歸！」

當日上午，任正非母親程遠昭去買菜時，被一輛車撞倒，司機逃逸。程遠昭被送至醫院，卻因沒帶身分證，口袋裡只有四十多塊錢，又沒有家裡人可聯繫，延誤了搶救治療。任正非心急如焚，以最快的速度趕回家，卻只見到母親最後一面。

數年前，父親任摩遜在昆明街頭的小攤上買了一瓶塑膠包裝的非酒精飲料，喝完後拉肚子，最後全身器官衰竭過世。

人間慘痛，莫過於此。

任正非陷入了巨大的悲痛，他把自己關在屋子裡，很長一段時間沒有出門。

任正非的雙親都是非常敬業的教育工作者。抗戰時期，任摩遜是愛國青年，大學未畢業便到廣州一家軍工廠擔任會計員，之後隨工廠遷至貴州，並組織了一個名為「七七」的讀書會，宣揚抗日愛國思想。中華人民共和國成立後，於一九五八年吸收一批高級知識分子入黨，任摩遜便是在那時入了黨。梳理任正非的經歷，我們會發現一個字貫穿了任正非當兵前的人生歷程——「餓」。任正非也說：「我與父母相處的青少年時代，印象最深的就是度過三年天災的困難時期。今天想來還歷歷在目。」饑餓，不光發生在任正非一家，這是一次遍及中國的巨大饑荒。沒有經歷過那個年代的人，無法理解當時整個中國就是一張巨大的、嗷嗷待哺的嘴，一刻不停地喊著「餓，餓，餓」。大饑荒給那一代人留下了極其深刻的心理創傷，那些僥倖存活下來的人，多年之後回憶起大饑荒，仍然掩飾不住內心深處的恐懼。這之後，「四清」、「文革」到來，中國再次天翻地覆，信仰、理想、道德、法律、倫理都被顛覆了。沒人能夠倖免。任正非的父親也被打倒了。正是他在國民黨兵工廠這一段經歷，給他們一家帶來了說不清楚的麻煩，屢次遭到迫害。任正非兄妹共七人，全靠父母微薄的薪資過活，毫無其他來源。兩三個人合蓋一條被，破舊的被單下鋪的是稻草。

迫不得已，任正非一家只能實行嚴格的糧食配給，保證人人都能存活。不這樣做的話，總會有一兩個孩子活不下來。家裡窮得連個能上鎖的櫃子都沒有，糧食就用瓦罐裝著，任正非也不敢去抓一把偷吃，而是自己用米糠跟菜和一下，烤熟吃。

任正非在華為多次高喊華為「活下去」，並以「活下去」作為華為的戰略，應該就是起源於此。

經歷過大饑荒和「文革」的人，往往心理上會有巨大的幻滅感，內心深處藏著對「失去」的深刻恐懼。他們有著極度的不安全感，即使「文革」已經結束，整個國家已經轉為改革開放，這種「不安全感」依然揮之不去，帶有創傷後壓力症候群的某些特徵。

過度的「折騰」，讓很多人對未來並沒有積極的期待，他們努力工作，實現個人價值，累積財富，只為了保護自己，讓自己未來免於遭受衝擊。

這是中國延續了幾千年的「饑餓基因」再次的進化。他們透過奮鬥，獲得物質這層外殼做保護，但饑餓的恐慌早已深入骨髓，在潛意識裡不斷對他們發出信號：其實你們依然是食不果腹的一無所有者。

相當多人在災荒中沉淪了，自甘墮落，有的變麻木了，只有少數人走上了一條「破而後立」的路，叫作「創傷後成長」。

「創傷後成長」，指的是一部分人在創傷後，個體發展出了比原先更高的適應水準、心理功能和生命意識。也就是說，不是所有經歷過創傷的人都會變成一攤爛泥，用餘生反覆體會創傷，難以自拔；有少數人可以將創傷轉化為磨刀石，進而成長為

「強人」。所謂艱難困苦，在磨難中成長、成功，這類人在「文革」後逐漸成為社會的中流砥柱和代表人物。

而「創傷後成長」帶給任正非的，並非簡簡單單的奮鬥和抗爭。他學會了如水般，彈性地、靈活地面對生活的挑戰，而不去做無用的抱怨，更不執著於那些準則和律條。他似乎在人生態度上得到了昇華，但通透之後便是淡漠，很多事物對他來說不再重要，他也放棄了對美好生活的一些感受。

我們在任正非的多次談話中，都能看到他對於未來抱有謹慎的警惕態度。他是一名悲觀主義者和奮鬥者的結合體。在某些方面，任正非很像古希臘的悲劇英雄，然而超然於上的是，這是一種悲壯的樂觀。

受父母的影響，任正非在孝道方面是個非常傳統的人，而他的父母也是傳統的中國父母，恨不得把所有的愛都給孩子，自己寧願吃苦也要先考慮孩子。這種傳統的愛在新時代可能發生了轉變，但我們仍能從中感受到親情的溫暖，這也是中國文化能延續幾千年的關鍵。

父母對於任正非創辦華為有著很大的影響。

華為剛成立時，任正非請教過學經濟的父親，公司該怎麼經營。父親說，民國年間，大老闆出資，但是大掌櫃和團隊得五五或四六分紅，如此才可以攏得住人。

於是任正非就把絕大部分的股權分出去，人人持股，自己只留下一．四％。傳統經營合作的思想，經歷了「文革」的摧殘，彌足珍貴。

父母離世，從今而後，人生奮鬥的意義何在？

父母一生勤勞守本分，還是意外去世了，任正非每天工作十幾個小時，一身傷病。抑鬱症、癌症、手術、外在的壓力，讓任正非喘不過氣來，無力控制公司滑向崩潰的邊緣。

其實，這樣的企業家不止任正非一個。

曾有人針對二百四十二位創業者進行調查，其中四九％的創業者都有不同程度的心理疾病，比例最高的是抑鬱症，其次是專注力失調以及焦慮症。

陳天橋（瀕死）、李開複（淋巴癌）、徐小平（抑鬱症）、張朝陽（抑鬱症）、毛大慶（抑鬱症）、侯小強（抑鬱症）……這個名單可以列出長長的一大串。

這就是中國企業家所要承受的壓力和付出的代價。外人只看到了企業家的風光，卻看不到他們為之付出的代價和背後承受的壓力。

「人要經歷一個不幸的抑鬱症或自我崩潰階段。在本質上，這是一個昏暗的收縮點，每一個文化創造者都要經歷這個轉捩點。他要通過這一個關卡，才能到達安全的境地，從而相信自己，確信一個更內在、更高貴的生活。」黑格爾描述的這個關卡，頗像「費米悖論」中的「大篩檢程式假說」，是一個可以讓人脫胎換骨但又痛苦無比的階段。

無論如何，任正非挺過來了。他終究還是鐵打的任正非。

4 戰思科：巨鱷露出獠牙

就在任正非與李一男劍拔弩張之際，遠在大洋彼岸的一隻美國巨鱷——思科，對華為發起了一次跨國狙擊。

思科成立於一九八四年，比華為早三年，但是思科的起跑點要比華為高太多了。它的兩位創始人是史丹福大學計算系的計算中心主管李奧納多．波薩克和商學院電腦中心主任桑迪．勒納，傳說兩人為了談戀愛方便，乾脆發明了一種能支援各種網路伺服器、各種網路通訊協定的路由器，思科即由此誕生。

生逢其時的思科或許是世界上發展最順利的公司了，很快掌握了全球網路體系中至少八〇%的資訊流量，二〇〇九年，思科在五百強企業中排名第五十七位。（不過在二〇一八年，排名滑落至第二百一十二。）

思科的產品有多麼賺錢？

吳軍在《浪潮之巔》中曾經感慨思科利潤之高：「在一般人印象中，硬體生產廠家的利潤不會太高，但是思科的毛利率卻高達六五%。不僅在整個ＩＴ領域大公司裡排名第二位，僅次於微軟的八〇％，且遠遠高於一般人印象中高利潤的石油工業（三五％）。這種高利潤只有處於壟斷地位的公司才能做到。」即便到了二〇一七年，思科的產品毛利率依然超過六一％！

思科與華為，原本是兩家打死也不會碰面的公司，華為是通信設備商，而思科主要經營網路設備。但到了一九九九年，華為開始進軍網路，接連推出了存取伺服器、路由器和乙太網，業務開始與思科有了交集。短短兩三年時間，華為在中國的市場占有率就接近了思科。而且，華為的產品開始進入美國，二〇〇二年在美國的年度銷售額就成長了七〇％！

雖然華為產品穩定性稍弱於思科，但價格只有思科的一半，而且服務態度好，又及時，能迅速滿足客戶的各種新需求（華為的研發因此非常艱苦），所以性價比方面對客戶的吸引力明顯超越思科。思科的乳酪就這樣不斷被華為蠶食，所剩無幾。這也是前面幾大國際巨頭先後敗於華為的主要原因。

進軍美國，是任正非全球戰略的最後一環，也是最重要的一環。以華為的技術追趕能力和低成本，一旦扎根美國，用不了多久，不光思科，很多美國企業都會被華為擊垮。

事實上，華為把「優異的性價比」這一點運用得非常好，在美國打出了「唯一不同的就是價格」的廣告，直指思科。

二〇〇二年底，思科 CEO 賈伯斯直接將華為列為「思科在全球範圍的第四代對手」，「華為威脅論」在思科內部愈傳愈烈，美國新聞媒體也開始煽風點火，宣稱華為之所以做出不亞於思科的產品，是因為它直接抄襲思科。

這很符合美國民眾和媒體對於中國的看法。在他們看來，中國企業依然是「落後」的代名詞，只能做做代加工之類的低階生產，高、精、尖新技術從來都是歐美的專有物。如果中國企業做出了可以媲美歐美的產品，那一定是透過各種手段竊取了他們的技術。——他們潛意識裡就不願相信中國人會比歐美人更聰明。

直到現在，很多美國人，尤其是美國政客，想法依然不變。中國政府吸引美國公司到中國建廠，他們認為是中國陰謀騙取美國技術；中國企業到美國投資、收購公司，他們還是認為中國要竊取美國的技術。他們還很天真地認為，「中國政府對民營企業和國有企業的控制權並沒有什麼差異」，所以在對待中國投資企業時，不必區分「民營企業」和「國有企業」。

任正非曾經的軍人身分，更是加重了美國人的猜疑。

在萌芽階段時就將對手殲滅，這是商業界通用的手法。

二〇〇二年末，思科的全球副總裁親自前赴華為面見任正非，指責華為在智慧財產權方面侵害了思科的利益，要求任正非承認侵權、賠償以及停止銷售侵權產品。

任正非做了小小的讓步，以求息事寧人，但思科不依不饒，反將華為的讓步看作心虛的表現。雙方不歡而散。

二〇〇三年一月，思科正式向德克薩斯州東區聯邦法庭提起訴訟，給華為安的罪名有二十一條，整整七十七頁。

打官司，華為並不陌生。起訴對手和被對手起訴，正是商界的部分組成元素，對手殺來，便兵來將擋，水來土掩。不過這次是在美國，跟一個國際巨鱷打官司，華為能贏嗎？

有人提出一個建議，既然思科宣稱華為抄襲，那華為就公開產品的代碼源，以此證明自身的清白。

任正非大怒。學古代女子以自殺、自殘來表明貞節，何其愚蠢！他下了一道指示：「敢打才能和，小輸就是贏。」

在法庭上要較勁，法庭外同樣是戰場。思科占據天時、地利、人和，早早做了輿論上的預熱，幫自己造勢，讓更多美國人相信華為是個竊賊。他們甚至恐嚇威脅客戶不得購買華為的產品，否則將有大麻煩。

在思科的威脅下，大部分美國企業停止了與華為的合作，甚至歐洲和南美的一些客戶也有所動搖。形勢對華為非常不利。緊要關頭，任正非更換了律師團，邀請兩家新的律師事務所前往華為實地考察，親身體驗。

這是華為的經典做法。開拓國內市場的時候，華為就經常邀請客戶到華為參觀，實地瞭解。在華為還沒有什麼名氣的時候，客戶實地考察一趟，勝過銷售口水千萬。

二〇〇〇年，華為參加香港電信展，便「放出了大招」——邀請全球五十多個國家的二千多名電信官員、營運商和代理商參加。二千多人一律搭乘頭等艙或商務艙往返，住五星級賓館，還拎走上千臺筆記型電腦。

華為為此耗費二億港元，但帶來的回報非常大：客戶看到了華為的實力，看到了深圳華為的總部，以及部分人來到北京、上海，發現中國遠不是他們想像的那樣，產生幾個高科技公司是應該的。這些人回去以後，會吸引更多人對中國和華為的興趣。

「百聞不如一見」，實地考察後，原本不相信華為清白的這兩家律師事務所果然改變了態度。他們建議任正非：抓住思科「私有協議」這一點，控訴思科打壓華為是為了保持壟斷。

所謂私有協定指的是，在國際標準組織實現網路互聯互通而制定標準和規範前，某家公司產品先進入市場而形成的標準，實際上就是先行優勢，先到先得。

按照慣例，私有協議可以付費授權使用，但思科偏偏不同意購買，實質上是將所有對手排斥在行業外，以達到壟斷的目的。

在美國，壟斷屬重罪，之前我們提到的AT&T便是因為涉嫌壟斷，被美國政府多次拆分，包括很多大企業，都與AT&T有著相似的命運。

華為終於找到思科的死穴，開始針對這一點進攻。

同時，華為加大媒體攻勢，在《華爾街日報》、《財富》等媒體上大做廣告，讓IBM等與華為友好的企業為華為發聲。華為在美國人心目中的形象因而開始轉好。

接著，華為邀請史丹福大學的一位資料通信專家前往華為核對研發流程。專家給出的結論是，華為產品與思科產品的性能重疊度還不到二%，沒有侵權。

史丹福大學是思科的發源地，給出的證詞自然具有說服力。

三月十七日，華為和思科在法庭上正式廝殺。華為死咬住思科「私有協議」這點，堅稱「思科的行為除了遏制競爭之外，別無他圖」。雙方陷入短暫膠著。

三天後，華為突出奇招，宣布與3Com公司組成合資公司，共同銷售通信產品。

3Com公司與思科競爭多年，曾是「思科在全球領域的第一代對手」。敵人的敵人就是朋友，任正非為自己添了一塊重要的籌碼。

華為給了思科一記悶棍。有了3Com這個後臺，華為在法庭上站穩了腳跟。

最終，華為與思科打成了平手。到二〇〇四年七月，雙方正式和解，各賣各的產品，各付各的訴訟費，沒有道歉聲明，更沒有賠償金，且法院判定思科永久不得就同一問題起訴華為。

一場「世紀訴訟」，終究還是華為獲利更多。華為的海外市場迅速穩定下來，業務出現翻倍式成長。在歐洲和美洲，華為產品迅速進入當地市場，到了二〇一〇年時，華為的銷售額有七〇%乃來自國際市場。

思科沒能掐死華為，反而使華為聲名大噪，品牌知名度大大提升，最終成長為它的強勁對手，這大概是賈伯斯動念之際，絕對始料未及的結果。

5 燒不死的鳥才是鳳凰

與思科的大戰，是華為一次由內而外的震盪和升級。

大戰前，二〇〇一年，任正非考察日本，寫下了著名的《北國之春》。當時任正非擔心的是華為只是個懵懂的青澀少年，沒有經歷過大風大雨。華為之所以成功，很大程度上是因為跟上了潮流，如同帆船借風行船，落葉隨波逐流，用現在的話說，是趕上了「浪頭」，但豬能飛不代表豬會飛，不過是機緣巧合罷了。

「華為的成功應該是機遇大於其素質與本領。什麼叫成功？是像日本那些企業一樣，歷經九死一生還能好好地活著，這才是真正的成功。華為沒有成功，只是在成長。」

經過了與思科的大戰，新兵成了老兵，小狼成長為老狼，任正非的苦心總算沒有白費。

之後，智慧財產權部門在華為的地位空前提高。華為學會了如何在對手的地盤上與對手過招，那就是廣結同盟，「用美國的方式，在美國當地打贏官司」。

能夠打贏思科，華為人的信心也有了相當大的提升，更證明了華為多年來堅持研發的無比正確性——沒有核心技術，就得永遠受制於人。

到了二〇一七年，華為的研發人員達到了八萬人，占公司總人數的四五％。研發費用支出為人民幣八百九十七億元，約占總收入的一四．九％。近十年，累計投入的研發費用超過三千九百四十億人民幣！

「世紀訴訟」後，華為在美國市場有了新的進展，但華為的美國開拓之路依然充滿坎坷，難如西天取經。二〇〇六年，華為將自己研發的 Leap 網路技術推廣到了華盛頓州和愛達荷州，並成功簽署了 3G 網路合約。二〇〇七年，華為又獲得了美國移動營運商的 CDMA2000 網路合約。

二〇〇八年，加拿大營運商 Telus 和貝爾共同授予了華為 UMTS／HSPA 網路合約，借助華為提供的第四代基地站建設，開始研究下一代無線存取網路。

但是，二〇〇七年九月，華為試圖收購 3Com 公司，被美國政府認定會對美國的國家安全形成嚴重威脅，收購失敗。華為與 3Com 公司的同盟關係隨後宣告結束。

這不是中國企業第一次在美國遭遇政治干擾。

二〇〇五年，中國海洋石油公司希望收購美國尤尼克石油公司，以此進入美國。

美國政府出面干涉，用各種理由讓收購案胎死腹中。

二〇〇九年，AT&T與華為達成4G設備合約，被美國國家安全局出面干預。

二〇一〇年，華為試圖收購摩托羅拉的無線資產，被美國政府拒絕；與Sprint達成的4G設備合約，也遭到美國商務部干預。

二〇一二年，美國眾議院情報委員會發布了一份報告，聲稱華為和中興取得了美國企業的敏感資訊，會對美國國家安全構成威脅。華為在美國的「拓荒」再次受阻。

二〇一七年十二月，美國總統川普簽署法案，禁止華為和中興通信設備參與美國核武基礎設施的建設。

二〇一八年一月，美國政府強力施壓AT&T放棄銷售華為手機。三月，繼AT&T之後，美國另一大電子產品零售商百思買（Best Buy）也宣布拒賣華為手機。

華為要大規模進軍美國市場，依然任重道遠，路阻且長。

有意思的是，華為和思科在本國營收上都是占總額的一半，而在對方的大本營都難以立足。華為進軍美國難，思科在中國也是艱難度日。

作為曾經的對手，二〇一七年，華為年銷售額已經超越了思科，而二〇一七年，思科營收四百八十億美元，淨收入九十六億美元，比去年同期下降一一％。有傳言思科意欲收購愛立信，抱團取暖，聯手應對即將到來的5G時代。

但是，千萬不要就此小看了思科。思科在不少領域上依然是領頭羊，大量的標準和協議都是思科制定的。面對思科，在技術、品管、個人效率和企業管理方面，華為依然還有很多東西要學習，更要學習領跑者是如何在迷霧中找對前進的方向，這才是最有挑戰性的。

以前華為是一個挑戰者、追趕者，不過追趕者也有追趕者的好處，那就是前面有引路者，華為只需要踩著阿爾卡特、愛立信、諾基亞、思科的腳印前行即可。如今華為成了領跑者，就要做那個小說故事裡的丹柯，把自己的心掏出來，用火點燃，為後人照亮前進的路。

做領跑者真的不容易。任正非就曾感慨領跑者時時「高處不勝寒」：「我們在追趕的時候是容易的，但在領隊的時候不容易，因為不知道路在哪裡。」、「這麼多年的成長，我們是花了很多冤枉錢，比如IMS走錯了路，接下來SDN又『起個大早，趕個晚集』。這就是無人區難的地方，因為沒有人領路，自己摸索往前走，一走就容易走錯路，然後後面的人都超越了我們。」

當年拒絕了小靈通，眼睜睜看著中興和UT斯達康賺大錢，多年後有不少人佩服任正非目光長遠，不為短期利益動心，只有他自己明白當時內心是多麼煎熬：

我當年精神抑鬱，就是爲了一個小靈通，爲了一個TD，我痛苦了八至十年。我並不怕來自外部的壓力，而是怕來自內部的壓力。我不同意做，會不會使得公司就此走向錯誤，崩解了？做了，是否會損失我爭奪戰略高地的資源。內心是恐懼的。

TD市場剛開始的時候，因爲我們沒有足夠的投入，所以沒有機會，第一輪招標我們就輸了。第二輪我們投入了，翻上來了；第三輪開始我們就逐步領先了，我們這叫後發制人戰略。但那八年是怎麼過來的？要我擔負華爲垮了的責任，我覺得壓力很大啊，這麼多人的飯碗要敲掉了。因爲不知道，所以很害怕，才很抑鬱。

但是儘管在迷霧中，任正非的大致方向是確定的，那就是「以客戶為中心」做前方指引，而非「以技術為中心」。「以客戶為中心」是黑夜茫茫草原上的北斗七星，雖然前進路上依然可能掉進深坑，但大方向是沒錯的；「以技術為中心」是「姜太公釣魚——願者上鉤」，風險明顯增大，往往淪為一廂情願，「只是感動了自己」，可能到死也不知道自己是對還是不對。這就是差別。

這條道路是任正非和華為摔打過多次得出的華為祕訣。「重技術輕管理，重技術輕客戶需求」，是任正非給諸多企業開出的診斷書，藥方便是「以客戶為中心」。難在放低自己而不看輕自己，真正轉變觀念。觀念不變，就學不到任正非的精髓，表面的東西學得再多也沒用。

真正可怕的不是競爭對手，而是時代和自己。時代變化的速度太快了，技術革新的速度也太快了。二〇一三年，任正非在華為員工大會上感歎道：「這個時代前進得太快了，若我們自滿自足，只要停留三個月，就會注定從歷史上被抹掉。」

那些被淘汰掉的大企業，「不是因為他們不努力、不夠聰明、沒有錢，恰恰是因為他們在轉折面前，已有的成功會變成他們特別大的包袱，甚至已有的經驗會束縛他們的思路。所以，我說死去的恐龍不是死在對手的手裡，是死在自己的手裡」。這是360公司的周鴻禕在談到競爭時說的一段話，相當精闢。諾基亞手機就是這樣死掉的。盛極一時的時代驕子如摩托羅拉、北電、DEC等企業轟然倒下，也是因為如此。

他們死，不是因為做錯了什麼，僅僅是因為變老了。

講一個故事吧。

十九世紀五〇年代，美國淘金熱興起，大批美國人從東部向西部遷移。當時的美國人煙稀少，交通和通信非常困難。

問題出現了，從東海岸寄信到西海岸的加利福尼亞，該如何實現呢？

當時的方案是走水路向南，經巴拿馬、尼加拉瓜、墨西哥再到舊金山，要走上兩三個月。

一八六〇年四月，一條新的郵路開闢出來。它的出現看似就要終結低效率的水路郵政。

從密蘇里州的聖約瑟到加州聖克萊門特，全程長二百八十九萬七千公尺，美國人採用了馬匹快遞。一種美國品種、強悍的馬「PONY」脫穎而出，成為快遞的主力，所以，這種馬匹快遞被稱為「小馬快遞」（PONY EXPRESS）。這條郵路設有一百五十七個驛站，每天途中要換馬六至八次，十天跑完，共需二百多名騎手。為了提升效率，騎手們的動作規範要求堪稱苛求——換馬要在二分鐘內完成，奔馳十二萬公尺後換人繼續。這是當時美國最高效的通信方式！是不是很勵志？故事的結尾是這樣的：「小馬快遞」轟轟烈烈地上工十九個月後，一八六一年十月二十二日，連接東西岸的鐵路和電報線路開通了，「小馬快遞」的生命瞬間終結。

從出生到突然死亡，總共十九個月，「小馬快遞」運送的郵件共計超過三萬五千件。美國政府還曾幾次發行郵票，紀念「小馬快遞」誕生八十周年和一百周年。一九五三年，「小馬快遞」的故事被搬上大螢幕。席捲全球的通信變革，在歷史不斷往前推進的巨輪下，再掙扎也無用，做得愈優秀，死得愈痛苦。

「革」了舊通信手段「命」的電報也沒逃脫被「革命」的終局。僅僅十幾年，電話被發明出來，成為站立在浪潮頂尖的潮流領導者，可惜，它又被網路一腳踹了下去。

燒不死的才是鳳凰，除了被對手燒，被客戶燒，被員工燒，被資本燒，被政策燒，最重要的是被時代燒，被自己燒！偉大，就是這樣淬鍊出來的！

第六章

華為手機：
只有偏執狂才能生存

我們現在做終端作業系統是出於戰略考量，如果他們突然斷了我們的糧食，Android 系統不給我們用了，Windows Phone 8 系統也不給我們用了，我們是不是就傻了？同樣地，我們在做高階晶片的時候，我並沒有反對你們買美國的高階晶片。我認爲你們要盡可能地用他們的高階晶片，好好地理解它。當他們不賣給我們的時候，我們的東西儘管稍微差一點，也要能湊合用上去。我們不能有狹隘的自豪感，這種自豪感會害死我們。

——二〇一二年，任正非內部談話

1 任正非差點賣掉華為手機

曾有人開玩笑說，當初華為只做通信設備的時候，人們認為華為就是個設備供應商，等到華為做手機時，大眾又以為華為只是做手機的。

由此可見，現在的華為手機是多麼出名。

剛剛過去的二〇一七年，華為智慧手機全年發貨一．五三億支，全球占有率穩居前三，並推出了首款載入人工智慧晶片的手機 Mate 10。而且，華為手機的全球品牌知名度提升至八六％，海外消費者對華為品牌考慮度比去年同期成長百分之百。

在華為，手機終端業務的營業收入已經達到三九．三％，比去年同期成長三一．九％，而起家的營運商業務收入僅僅成長了二．五％。二〇一八年，華為手機的發貨量預計達到二億支！然而，如今大名鼎鼎、暢銷海內外的華為手機，當初不過是無心插柳的項目，十年前還差點兒被賣掉。華為手機的成功是運氣的產物，同時能看出華為哪些因素導致了這個專案從邊緣產品變成主打產品之一。

其實華為做手機，最早起源於一項失敗的產品。一九九八年春節前，華為生產部發了一個訊息：華為出品的高檔無線電話機，買回家孝順父母，最後三天，優惠大清倉！一些員工興沖沖地買了拿回老家，結果大失面子：這款「高檔」無線電話機基本上就是件廢物，根本用不了。更慘的是，很多無線電話機作為禮品送給了客戶，故障連連，華為聲譽大損。一朝被蛇咬，十年怕草繩。任正非因此對終端產品退避三舍，幾年後，當他聽到研發手機的提議時，竟「啪」地拍桌子，說：「華為不做手機這個事已早有定論，誰又在胡說八道！誰再胡說，誰撤職！」

偏偏就在一九九八年，大陸政府出面了，《關於加快行動通信產業發展的若干意見》要求手機生產必須獲得牌照許可，還規定在華外資企業生產的手機必須要有六〇％銷往海外市場。

這很明顯是對中國企業的保護，給國產手機圍起了一塊試驗田。科健、波導、熊貓、夏新、迪比特、TCL、中興、南方高科取得牌照，迅速崛起，一舉改變了國外手機占據九〇％中國市場的局面。其中，科健和波導的表現尤為突出。洋品牌不得不與國產手機商合作，到二〇〇三年，國產手機在國內市場的銷售額已經達到五〇％，占據了半壁江山。

前面述及的中興和UT斯達康通過做小靈通，大賺特賺，瘋狂攬金。但這「半壁江山」背後有個很大的問題。簡單來說，就是國產手機品牌雖多，市場銷售額也不低，可是基本上都是代工廠自家產品。

然而政府的保護期不會是永遠的。二〇〇四年，「牌照制」改為「核准制」，政策紅利消失，國產手機開始第一波死亡。

科健起步最早，跌得也最早。聯想、波導、夏新紛紛虧損。TCL試圖爭口氣，自主研發手機，卻舉步維艱——供應鏈都掌握在外資廠商手裡，窘迫的TCL連做手機外殼的塑膠廠都找不到。

這五年時間，任正非和華為在做什麼？

答案是，任正非正處於焦灼中。要圍堵李一男的港灣，要跟思科對簿公堂，還要治療自己的抑鬱症和癌症，終於，任正非下定決心也發展小靈通業務，遏制中興的勢頭。華為一出手，中興和UT斯達康便扛不住了，小靈通開始走向沒落。

機緣巧合的是，華為因為在GSM獲得巨大成功，順勢開始了3G的研發，問題是，只有3G，沒有手機，照樣賣不出去。後來任正非滿懷辛酸，感慨地說：「回顧我們走過的歷程，其實是很悲壯的。最初華為做終端的原因，是因為當年我們的3G網路設備賣不出去，沒有終端。自己做終端，我們什麼都不懂，首臺終端有多大？

整整裝滿一輛豐田 Coaster 巴士，於是我們買來十多輛巴士圍著上海轉圈，目的是說明網路測試過關。3G 做出來後，首先出口到阿聯酋，但是沒有終端就無法銷售，我們向日本其他廠家購買，沒有廠家願意賣我們一臺終端，它們已被其他營運商包銷了，我們才被迫開始自己做。」

這時候，歐洲的英、法、德主要營運商急切需要大量 3G 手機來發展業務。華為正在「大航海」，忙著想方設法闖進歐洲營運商業務圈，為他們量身訂做 3G 手機便是絕好的切入點。

二〇〇二年底，任正非大手一揮，決定拿出十億人民幣來做手機。這十億元，大概是當時寒冬中的華為一年的利潤。這也正是任正非的個性：一旦決定做某件事，就傾盡全力，絕不三心二意，也不給自己預留退路。

二〇〇三年，華為設立了手機部門。第二年，華為就在坎城的國際行動通訊大會上秀出了自己的首款 3G 手機。所以華為的 3G 手機其實出道非常早，只是大多是歐洲和中國營運商的訂製版本，很多不帶華為的標誌，所以大部分人不知道。

這時候，大陸國產手機市場早就已經開始了第二季。天語、金立、中興、長虹、宇龍通信取代了之前的科健、波導、TCL 等品牌手機，成為新的潮流領導者。

二〇〇七年，賈伯斯領導的蘋果手機橫空出世，重新定義了手機，也打破了原先的手機市場格局，以火箭躥起的速度成為世界第一。十年間，iPhone 系列總計賣出十二億支，創收七千三百八十億美元！時代變遷，什麼都沒有做錯的諾基亞手機、摩托羅拉手機，幾年之內就迅速「消亡」了，智慧型手機消滅功能機的趨勢愈來愈明顯。而大陸國內，「中華酷聯」還抱著營運商訂製機的大腿，直到二〇一一年。

營運商採購的數量雖然大，動不動就是幾十萬支甚至上百萬支，但招架不住營運商嚴重壓價，華為高層甚至抱怨給營運商做訂製機的利潤還不如存銀行的利息。壓價下做出的訂製機在品質和功能上自然不會太好，消費者的不滿卻落在了手機商身上。訂製機做多少年，低階手機的名號華為就得揹多少年。

二〇〇八年，任正非甚至起了念頭，打算賣掉手機公司四九％的股份。華為企業發展部找了全球的大牌基金來談，誰也沒想到，九月十四日，雷曼兄弟突告破產，美國次級房貸危機開始了。買方的出價一下子降了許多，還附加了一堆條件，任正非一氣之下不賣了。

當時大家還慨歎：「如果進度再早一個月，這個事情就成了。」可是禍福相依，幸虧華為手機沒有被賣出，否則現在華為整體營收的近一半就沒了。

2 學習小米：網路思維的模仿者與超越者

二〇一一年可說是華為手機關鍵的一年。就是在這一年，智慧型手機的市場占有率超過了功能機，諾基亞徹底落敗。黑雲壓城，任正非嗅出苗頭不對，急得批評終端的人不要瞎低調：「低調是王者心態，天下都是你的，你就低調。終端你都落後了，你還低調！」

任正非專程帶著徐直軍、郭平等一幫高階主管，過去和華為終端業務的人開了個座談會，確定了放棄白牌（沒有牌子的手機），不再跟隨營運商做訂製手機，而是堅定地走向開放市場，建立自己的品牌。這被稱為華為終端的遵義會議。

引領這個改變的，是余承東。

余承東，理工男，北大碩士，一九九三年進入華為，彪悍勇猛，綽號「餘大嘴」，信奉「取乎其上，得乎其中；取乎其中，得乎其下；取乎其下，則無所得矣」，喜歡設定高目標。他擔任無線產品線總裁的時候，華為的GSM產品日漸疲軟，讓同業搶走不少訂單，余承東就發狠：「定位決定地位。過去GSM的目標長期定位於二三流，結果做成了三四流的產品，真正打敗我們的是我們自己，不是別人。追求的高度決定最終的格局，要做就做第一。」後來，華為的GSM果然成為世界第一。

在掌管華為手機之前，他是華為歐洲區總裁。當年華為挺進西歐，直接面臨愛立信、諾基亞、阿爾卡特和西門子的打壓，正是余承東發明了分散式基地站，才順利達成了與沃達豐的合作，在歐洲慢慢打開了局面。之後，也是在他的堅持和主導下，開發出第四代基地站，並以此為核心推出了SingleRAN解決方案。SingleRAN解決方案被沃達豐的技術專家稱作「很性感的技術發明」，一個機櫃內就能實現2G、3G、4G三種無線通訊制式的融合功能，理論上可以為客戶節約五〇%的建設成本，且很環保。這項技術一問世便石破天驚，一舉奠定了華為無線的優勢地位，橫掃整個歐洲市場。二〇一八年，華為又推出了SingleRAN Pro解決方案，支持5G並相容2G、3G、4G。

在余承東看來，世界上沒有不可能的事情，只看決心夠不夠大。只要是人做的事情，我就一定能做，而且要比別人做得更好。他的名言之一——「沒有人能夠記住世界第二，只能記住第一」，正是典型的任正非風格。

新官上任三把火，余承東一上臺就砍掉了將近三千萬支低階手機和功能機，堅持走公開市場和精品路線，絕不瞻前顧後。「在我手裡，華為終端要麼做沒了，要麼做上去，沒有第三條路」，可見其決心和魄力。

二〇一一年華為手機才正式入場，其實已經很晚。三星、蘋果、小米等品牌手機搶占了機會視窗期，等華為手機發展起來的二〇一六年、二〇一七年，整個智慧手機市場已達飽和，華為不得不從三星和蘋果這兩個巨頭口中奪食。

二〇一一年，擋在華為手機前面的是一堆棘手的「點子」：如日中天的蘋果和三星，華為暫時無法撼動。老對手中興已領先一大段，出貨量是華為手機的兩倍之多。

小米是新手，但憑藉新穎的網路行銷模式，一下子攪亂了手機市場，開始創造小米奇蹟。同年八月，小米手機正式發布；十二月，小米手機針對個人用戶開放購買，每人限購兩支，三小時內售完十萬支。「雷布斯」時代到來，名不見經傳的小米把一眾知名手機都給打得暈頭轉向了。

華為的自信還是很足的。多年訂製機的經歷，讓華為累積了很多經驗和技術，只是它之前做的合約機都是中低階價位，給消費者留下了「華為手機就是低階便宜贈送貨」的不佳印象。

要樹立華為手機的品牌，造低階貨自然不合適，必須做旗艦智能機，做中高階精品手機，形成口碑。這個定位不但與小米手機截然不同，也與國內絕大部分手機商定位不同，只有華為這樣有著深厚技術累積的公司才敢做出這樣的定位。

二〇一二年，華為第一款旗艦智慧手機 Ascend P1 上市，售價二千九百九十九人民幣，隨後推出 P2。余承東他們把所有能用的最領先、最緊湊、最激進的設計方案都給用上了，力求給消費者一個驚豔感。

驚豔是有的，但這兩款手機不叫座，全球總共只銷售了五十多萬支 P1，不僅無法與同業競爭，比華為之前的中低階智慧型手機也差了不少。消費者對於華為手機的「低階」印象，管道的不完善、終端店面的稀缺、品管和 UI，都嚴重制約了 P1、P2 的銷售。定價出現了失誤，沒過多久就大降價與放棄系統更新，更是傷了消費者的心。手機行業新手華為開始補交學費。

接下來的 D1 也出了問題，售價高達三千九百九十九人民幣，被華為人戲稱「千瘡百孔」，據說任正非還因為用一用當機，把余承東叫來訓斥一番。

華為手機接踵而來的不順，使得唱衰華為手機的媒體聲量此起彼落，讓余承東差點兒下臺，壓力頗大。余承東說：「我的痛苦來自反對聲，很多不同的異議，很多雜訊，壓力非常大。」這些異議以及內部的掣肘，直到今天都還存在。幸虧任正非力保，余承東才等來了轉機：二〇一三年，P6上市，全球銷量四百多萬支，余承東站穩了腳步。

緊接著第二年，Mate 7上市，標配版二千九百九十九人民幣，高配版三千六百九十九人民幣，讓很多人大吃一驚。還沒有哪家國產手機敢於向高階機挑戰，向洋品牌衝擊，定價高於三千人民幣。

Mate 7全金屬機身，採用了華為最新自研的麒麟925晶片，第一次在處理器方面真正領先了競爭對手。而且它用了一項「窄邊框點膠技術」，把黑邊減到最細，擁有業界最大的螢幕比。

最亮眼的功能是背面指紋一秒鐘解鎖，這可是轟動性的首創。之前賈伯斯做出了滑動解鎖，現在華為就做出了背面指紋辨識解鎖。之前有幾家公司企圖將指紋解鎖功能設計在手機背面，但都沒有成功。

最終，Mate 7超出所有人的預期，一機難求，全球銷售七百萬支，成為當年的爆款（供不應求）。

原本Mate系列只是嘗試性區分市場的產品，屬於無心插柳。華為沒想到Mate 7竟會如此受歡迎，備料嚴重不足，以致出現了斷貨現象，反倒被外界傳為是學習小米的飢餓行銷手法。

後續的Mate 8到Mate 10，以及P9，每一款都採用當時業界最領先技術，大螢幕、強續航、高性能、機身緊湊，給了消費者最極致的體驗。

任正非維持以往低調時鼓起勁、順利時潑冷水的態度，他對於終端業務的擔憂一直都在，之前是擔心發展慢，現在是擔心發展太快，雙腳離了地：我們一再強調終端要有戰略耐性，要耐得住寂寞。如果你們匆匆忙忙發展，可能因為一個零件問題，這批手機幾十萬支、幾百萬支出問題，就會毀了整個終端公司，有時很難再爬起來。所以我們還是要踏踏實實，控制欲望、控制合理發展速度，「雞血」沸騰一定是犯錯誤的前兆。這個時代是「春秋戰國」，但即使競爭激烈，我也不鼓勵你們降價惡性競爭，而是鼓勵提高品質，耐著性子跑，這樣才能跑贏。不要擔心別人短期內占領了這個市場，以大眾兩三年換一次手機的頻率，下次就該換華為手機了，三年以後才能「出水才見兩腿泥」。

這是任正非二〇一五年中，在消費者BG溝通大會上的演說片段。三星就是前車之鑒，而華為二〇一七的P10「快閃記憶體門」事件，真的差點毀掉從P9開始建立起的口碑。

二〇一一至二〇一三年，是「網際網路思維」的小米手機風光的年代，這給手機行業帶來了巨大的衝擊，也帶來了新的思路和模式。隨著小米手機的登場，掀起了新一輪網際網路打法的價格戰。小米的做法迫使眾多手機商不得不應戰，利潤直線下降，被迫退場。小米全部透過線上銷售，省去了各級分銷商的層層盤剝，因此可以節省巨大成本，以最優性價比的低階配置來做高階包裝和飢餓行銷，形成口碑效應，用情懷等籠絡一大批「發燒友」。雷軍抓住了一般收入人群也能玩品牌個性手機的需求，給了消費者一個心理上的藉口，而不必去買昂貴的蘋果和三星。這就是網際網路思維與傳統思維的截然不同之處。小米的網路行銷做得非常好，華為開始學習網路行銷。

有著強大的技術後盾和研發能力，這是華為手機致勝的關鍵。性能不輸對手，甚至有所超越，價格卻便宜許多，正是華為的產品能縱橫天下的一貫特點。

它的核心是技術，而非行銷。不像小米手機，大多靠行銷，雖然小米手機之後也努力於研發技術，成為第四家擁有自主晶片的智慧型手機公司，但終究底子薄。

直至二〇一八年第一季，小米手機的中低階機占比依然超過七五％，入門級價格在五百人民幣左右，中階機價格在八百人民幣左右。小米要擴大高階機銷售額，就需要強大的技術支援，這方面華為是厚積薄發，於小米則是前路漫漫。

二〇一三年底，余承東特別出了榮耀系列，以網路電子商務手法，跟小米手機競爭。關於榮耀與小米的相似度，坊間形容它為「神級模仿」。華為的電商平臺VMALL成立了，與行銷管道也達成合作，對小米手機造成莫大的衝擊。打價格戰正是華為的拿手好戲，華為從來就沒怕過誰，也只有華為才有這樣的自信。華為曾以價格拚生死之地，往往寸草不生！

到了二〇一七年，在大陸國內手機銷量上，榮耀地超越了小米手機，成為網路手機銷售第一名。七年時間，華為就實現了從模仿者到超越者的翻轉。

華為手機面臨艱難轉型以求新生之際，聯想手機形勢正一片大好，卯著勁衝擊PC世界第二。柳傳志隱退，指揮棒交接到楊元慶手上。

聯想試圖做高階機，打算「一招鮮，吃遍天」，直接「複製」iPhone，做了個樂Phone，結果只賣出了七十萬支就退縮了，繼續與營運商合作。

沒多久，國資委要求三大手機營運商減少4G合約機的數量和補貼，聯想想出了收購摩托羅拉這一招，希望複製當年收購IBM個人電腦的成功。

效果還是有的。二〇一四年，聯想的手機出貨量總和超過九千萬支，一舉奪得中國第一，全球第三。這是聯想手機的巔峰。

這之後，聯想就開始左右搖擺，領導層更換，產品線混亂。二〇一五年出貨量猛降，為二千二百一十萬支，二〇一六年再次猛降到五百萬支，二〇一七年只有一百七十九萬支。

聯想手機已經無力回天。

與之相較，中興手機的發展就很讓人惋惜，甚至令人憤怒。中興手機的衰落，正好體現了中興與華為的差異。

二〇〇七年，中興已成為全球第六大手機廠家，其手機業務年收入七十六・四五億人民幣，利潤率高達二二%。二〇〇九年，中興手機持續上升，躋身世界前五大智慧手機廠商之列，全年出貨超過四千萬支。

直到二〇一一年，中興手機出貨量仍是華為的兩倍多。

二〇一二至二〇一四年，中興手機進入了異常的衰落期：二〇一二年，中興出現上市十五年來首次虧損，虧損額達二十八・四億人民幣。

二〇一三年，營運商減少了4G合約機的數量和補貼。太過依賴合約機的酷派手機悲劇立現，很快就消失無蹤。華為手機因為提前退出，影響不大。

中興選擇了重點拓展海外市場，尤其是美國市場，認定「沒有美國市場就不能全球領先」，待中興手機在美國打響自己的旗號，便可以居高臨下反撲中國市場。結果導致國內的大本營市場反應遲鈍，只能選擇機海戰術，智慧機一年出貨量就達四千萬支，但是利潤率特別低，品管問題也暴露出來。「內部派系鬥爭」、「家族化味道濃厚」、「子公司靠母公司輸血」等傳言不斷散布，管理上的「短板」暴露無遺，中興手機換了兩次領導，依然無法控制頹勢，積重難返。

最新的二〇一八第一季全球手機市場銷售額名單中，中興手機在北美僅排名第四，其他地區均在五名外。

風雨飄搖中，兩年前的一次事件餘波突然爆發，差點兒將中興攔腰斬斷。

事情起源於二〇一六年三月七日，美國商務部宣稱中興通訊及其三家相關企業因向伊朗轉出口美國管制貨物，違反美國相關出口禁令，將這四家公司列入美國出口限制名單，七年內禁止美國企業及代理美國產品、技術的廠商向中興出口相關的技術和產品。

一番緊急斡旋調解後，中興接受了八·九二億美元的巨額罰款，並承諾處置相關人員，與美方達成和解。在中興，此事件稱為「A事件」。受其波及影響，二〇一六年，中興淨虧損二十三·六億人民幣，元氣大傷。二〇一八年四月，美國認為中興未履行對三十五名幹部經濟處罰的承諾，以及做出虛假陳述，啟動了拒絕令。中興嚴重依賴高通IC晶片，核心器件大多來自美國。美國一制裁，中興心臟立刻停止運作，進入休克狀態。已經退休兩年的侯為貴不得不重出江湖，力挽中興狂瀾於即倒。

六月八日，中興事件有了結果：

十億美元，另交付四億美元保證金，由協力廠商監管。

中興董事會和管理階層，在三十天內撤換。

中興的現場檢查不受任何限制。美國商務部長羅斯說：「這是個相當嚴厲的和解辦法，也是美國商務部對違反出口管制的企業所收取的最嚴厲和最大的一筆罰金。」要知道，二〇一七年中興營業額為一百六十九億美元，淨利潤也就是七億美元。前後兩次罰款，等於白白為美國工作十年！六月二十九日，李自學等八名新任中興董事履職，李自學成為新任董事長，殷一民、張建恒等十四名董事會成員悉數辭職。離任的中興全球行銷副總裁發出離職公開信，激憤悲壯中又帶著深深的無奈，稱「這樣的離開，實非所願，深感屈辱」，「我們這一代中興人的離開，希望換得的是公司更美好的未來」。

七月十二日，美國取消了近三個月來禁止美國供應商與中興進行商業往來的禁令，中興公司將能恢復營運，禁令將在中興向美國支付四億美元保證金後解除。

值得注意的是，禁售令並沒有徹底解除，美國商務部仍將密切關注中興通訊的行動，中興通訊須保留由美方挑選的特別合規協調員團隊，任期十年。

十年之內，中興通訊都將處於美國商務部關注下，一旦被認定有違反《美國出口管制條例》和未履行協議義務的行為，美國商務部將再次啟動禁售令。

這就是沒有核心技術的惡果。

早在二〇一二年，任正非就在一次內部演說中提到：我們現在做終端作業系統是出於戰略考量，如果他們突然斷了我們的糧食，Android 系統不給我們用了，Windows Phone 8 系統也不給我們用了，我們是不是就傻了？

同樣地，我們在做高階晶片的時候，我並沒有反對你們買美國的高階晶片。我認為你們要盡可能地用他們的高階晶片，好好地理解它。當他們不賣給我們的時候，我們的東西儘管稍微差一點，也要能湊合用上去。

我們不能有狹隘的自豪感，這種自豪感會害死我們。……我們不要狹隘，我們開發作業系統，和製造高階晶片是一樣的道理。主要是讓別人允許我們用，而不是斷了我們的糧食。斷了我們糧食的時候，備份系統要能用得上。

更早在二○○六年時，侯為貴在一次採訪中也表示過，「核心技術要有自己的，才能不被別人牽著」。其實類似的話，很多企業家都在不同場合說過，難就難在「擁有自己的核心技術」這條路之難走，足以嚇退絕大部分企業家。

回到二○○○年，侯為貴率領的中興曾經有機會成為擁有核心技術的公司。彼時，它與國家開發投資公司共同投資，創立了中興積體電路設計有限公司，開始了3G手機基頻晶片的研發。可惜的是，中間的跌跌撞撞和研發的難度，讓習慣了平穩和速效的侯為貴打了退堂鼓。

陰影著實籠罩下來，一家營業額超過千億人民幣、在中國通信製造行業排行第二的公司，竟然沒有太多的反制措施，這麼容易就被「鎖死」的時候，很多人才打破了對「和平」的幻想，驚覺自身的短板竟是如此致命，而多年來沾沾自喜的「貿工技」模式是多麼脆弱不堪。

這是現實給中國企業的一記響亮的耳光。現實終於用沉重的代價證明了任正非預言的正確性。沒有智慧財產權的公司，寸步難行。

華為手機用兩條腿走路，拿榮譽與小米拚價格，用的是高通晶片；另一條腿則是華為中高階手機，用的卻是華為海思自己的麒麟晶片，即便初期的麒麟晶片在性能上比不上高通，華為也咬著牙堅持用。終於，麒麟晶片在技術上進步到與高通晶片不相上下的程度。

據統計，二〇一七年出貨的華為手機中，有三分之二配備了海思晶片，這一數字大大高於二〇一四年的四分之一。海思晶片已經成為高通晶片的競爭對手。原定於二〇一八年一月初進入美國市場的 Mate 10 Pro 以及 Mate 10 Pro 保時捷版，採用的就是華為自己的麒麟晶片，而不是高通晶片，華為花費數月的時間克服技術障礙，才讓ＡＴ＆Ｔ公司認可麒麟晶片。

二〇一一年至二〇一七年，海思的研發投入翻了三倍有餘，從不到四十億美元增長到了一百四十億美元。目前，海思在全球已經擁有約一萬名員工。

這是眼界和見識，也是膽識和執行力之果。

3 「幹掉」三星、蘋果？

這幾年，三星手機在中國的銷售量真的是每況愈下，斷崖式下滑。

二〇一八年第二季，三星手機在中國市場的銷售額只有〇・八％。中國手機市場第一名是華為手機，銷售額高達二七・二％，其次是OPPO的二〇・二％、vivo的一九％，蘋果只有六・七％。

要知道，二〇一三年三星手機在中國手機市場的占有率高達二〇％。

三星手機退出中國市場，除了受蘋果和華為、小米的市場擠壓之外，更重要的是其傲慢自大，不尊重中國消費者，可謂咎由自取！

三星Note 7在美國爆炸的消息傳到韓國後，三星在美國《紐約時報》、《華爾街日報》和《華盛頓郵報》三大報投放全版廣告，向美國消費者公開道歉，迅速召回全球二百餘萬支手機，所涉國家包括美國、韓國、澳大利亞等地，唯獨不包括中國地區。其發布聲明稱，中國大陸銷售的Note 7與其他國家使用的是不同供應商的產品，不存在安全隱患。半個月後，三星首次召回一千八百五十八支手機，仍不承認存在安全隱憂。此舉徹底激怒了中國消費者。一個是傲慢的、令人厭惡的三星，一個是品質、設計不遜於三星而價格實惠的華為，中國消費者做出的選擇不言而喻。

三星必須嚥下自己釀的這杯苦酒。銷量上徹底被華為甩開不說，三星手機在專利權的訴訟上也多次敗於華為之手。

二〇一六年，美國加州北區法院對當年五月華為對三星的訴訟案件舉行了審理，三星對十一項專利中的兩項專利提出的無效動議被法院駁回，這也意味著在與三星的專利紛爭中，華為初戰得勝。

二〇一七年四月六日，泉州中院一審判決認定，三星公司共計二十二款產品構成專利侵權，並判決三星公司停止製造、許可銷售、銷售搭載系爭專利技術的終端設備，包括二十二款 Galaxy 系列手機。目前此案並未完結，三星仍在上訴中。

二〇一八年第一季，華為手機的全球銷售額是一一％，排名第三，三星手機占比二二％，蘋果手機占比一五％，不過到了第二季，華為手機以一五．八％的市場銷售額，超過蘋果手機的一二．一％，躍居世界第二！

賈伯斯死後，蘋果手機失去了靈魂，魅力漸漸消失，在中國的市場銷售額排名只在第四名，排在華為、ＯＰＰＯ、ｖｉｖｏ之後。在蘋果手機於創新上後繼乏力的情況下，華為手機徹底超越蘋果手機已為時不遠。

余承東曾這樣總結華為手機這幾年的發展：「二〇一四至二〇一五年為生存而戰，活了下來；二〇一六至二〇一七年為崛起而戰，已基本實現預定目標。因此，接下來二〇一八年華為將有顛覆式的產品和創新技術引領全球市場。」到二〇二〇年，華為手機要超越蘋果手機和三星手機。

沒想到，就在華為原定二〇一八年一月九日在拉斯維加斯的CES大展上宣布與AT&T達成合作協定，標誌著華為首次與美國大型營運商合作銷售手機前夜，AT&T突然宣布放棄與華為合作，不在美國販售華為智慧型手機。

緊接著，一份「美國十八名國會議員聯名致信聯邦通信委員會（FCC）主席艾吉特·帕伊」的郵件流傳開來，郵件要求FCC對華為與美國營運商的合作展開調查，同時也副本給美國司法部長傑夫·賽森斯等人。

與中國不同，手機在美國的主要銷售管道是營運商，AT&T是美國第二大營運商，有涵蓋全美的4G網路和超過一億的行動用戶，同時旗下的MetroPCS是美國最大的預付費營運商。華為手機如果進入AT&T銷售，將對提升銷量、品牌認知度有極大的促進作用。

現在這個過程被突然打斷。多年攻關無果，華為的輪值ＣＥＯ徐直軍甚至有些心灰意冷：「有些事情是我們無法改變的，所以最好不要看得太重，這樣我們就有更多精力和時間來服務我們的客戶，開發更好的產品，滿足客戶需求。有些事情就隨它去吧，我們也會心安理得。」

這段話被媒體解讀為華為手機打算今年便退出美國市場，引起一片譁然。不過隨後余承東就闢了謠。相較於創業初期，華為已經從一個咄咄逼人的「土狼」，整天一副「到處搶食物」的形象，變成了現在溫厚的「大象」，有了國際大公司的風範，更強調超越對手的過程中，一定要把對手的優點轉化成自己的東西。

華為跟三星、蘋果自然是要競爭的，但也要和諧、共贏、合作。華為必須不斷追求勝利，不斷追求利潤，但獲得勝利的方法不再只有「消滅對手」這個單一途徑。

二〇一六年，隨著華為手機的崛起，一些媒體、自媒體或者出於愛國熱情，或者僅僅是為了吸引目光、增加點擊量，開始了對華為的過度追捧，一時間，類似「華為三年幹掉蘋果，五年幹掉三星」、「舉國沸騰！華為擠下高通，擊潰歐美，拿下５Ｇ時代，中國首次占領最高點」的新聞標題滿天飛，嚴重影響了華為的形象。

這也是任正非很多年不願意與媒體過分靠近的原因。新聞媒體有其天生的缺陷，為了吸引目光，製造新聞話題，很多時候是不講求公正客觀的。它們可以把一個企業和企業家迅速捧上天，又會很希望看到它們一手捧上天的企業和企業家，狠狠地從天上摔下來。

為了不讓外界的雜音影響到華為內部，也為了消弭華為狼性的戾氣，任正非發了狠：「『滅了三星』、『滅了蘋果』之類的話，無論公開場合，還是私下場合，一次都不能講。」「誰講一次就罰一百人民幣。」

甚至在他看來，OPPO和vivo也是華為的朋友，大家都是靠商品賺錢的，華為要在利潤率上向OPPO、vivo學習，在品牌忠誠度、服務體系上向蘋果學習。就連十幾年前的思科，任正非也沒想過要擊潰它，他跟賈伯斯甚至成了關係不錯的朋友。賈伯斯退休的時候，還專門向任正非請教過「接班人」的問題。

華為要有狼的敏銳嗅覺，要有狼的奮鬥精神，要有狼的集體觀念，堅決不要狼的殘忍無情和不擇手段，不要「華為過處，寸草不生」，不然華為最後也不能獨活。這一點，任正非很多年前就瞭悟了。

第七章

華為基因：自動進化的祕密

這個時代前進得太快了，若我們自滿自足，只消停留三個月，就注定會從歷史上被抹掉。正因爲我們長期堅持自我批判不動搖，才活到了今天。今年，董事會成員都是架著大炮「炮轟華爲」；中高層幹部都在發表〈我們眼中的管理問題〉，厚厚一大落心得，每一篇的發表都是我親自修改的；大家也可以在心聲社區上發表批評，總有部門會把存在的問題解決，公司會不斷自我優化。

——任正非，在公司二〇一三年度幹部工作會議的演說

1 熵減：永遠的狼群

熱力學第二定律闡述了自然界不可能將低溫自動地傳導到高溫，必須藉由動力才能完成這種逆轉。人的天性會在富裕以後怠惰，這種自發的演變趨勢現象並不是客觀規律，人的主觀能動是可以改變的。

我們組織的責任就是逆自發演變規律而行動的，以利益的分配為驅動力，反對怠惰的生成。民意、網路表達多數帶有自發性的，我們組織卻不能隨波逐流。組織的無作為，就會形成「熵死」。

這不是任正非第一次提起熵減。任正非為什麼特別推崇「熵減」的管理哲學？因為熵減的核心價值就是啟動組織和組織中的人。

「熵」是熱力學第二定律的概念，用來度量體系的混亂程度。熱力學第二定律又稱熵增定律：一切自發過程總是向著熵增加的方向發展。任正非把這個概念擴展到了社會學領域和管理學領域：

我把「熱力學第二定理」從自然科學引入到社會科學中，意思就是要拉開差距，由數千中堅力量帶動十五萬人的隊伍滾滾向前。我們要不斷啟動我們的隊伍，防止「熵死」。我們絕不允許出現組織「黑洞」，這個黑洞就是怠惰，不能讓它吞噬了我們的光和熱，吞噬了活力。

小到個人，再至集體、社會、國家，大至地球，乃至宇宙，都逃不過最終一個「死」字，再掙扎也沒用。人的衰老，組織的懈怠，這種「功能的喪失」便是熵增。

但是，在這個必然的方向上，我們又可以做一些事情，延緩死亡時間的到來。人透過攝取食物來強身健體，組織透過建立秩序煥發活力，這就是熵減。

那些讓我們從熵增變為熵減的事物就是負熵，如物質、能量、資訊、新的成員、新的知識、簡化管理，它們是一些活性因數。二〇一一年，任正非曾經舉過一個吃牛肉的例子：

你每天去鍛鍊身體跑步，就是耗散結構。爲什麼呢？你身體的能量多了，把它耗散了，就變成肌肉了，就變成了堅強的血液迴圈了。能量消耗掉了，糖尿病也不會有了，肥胖病也不會有了，身體也苗條了，漂亮了，這就是最簡單的耗散結構。……你們吃了太多牛肉，不去跑步，你們就成了美國大胖子。你們吃了很多牛肉，去跑步，你們就成了劉翔。都是吃了牛肉，耗散和不耗散是有區別的。所以我們決定一定要長期堅持這個制度。

這就是熵減。

對狼來說，吃胖了就跑不動，跑不動就捉不到獵物，捉不到獵物就是死，所以我們從來看不到肥胖的野狼。對個人來說，就是要透過鍛鍊來啟動人體，不令它沉澱、堆積，不然補充身體的能量就變成了要人命的刀。

對一家公司來說，就是要時刻保持活力，管理和制度不僵化。變僵化了，技能老化，隊伍板結，其實就是變傻了，競爭對手就會竊喜。

曾經有人向任正非建議，華為應建一座企業博物館，把從第一代小交換機開始的產品等都放在裡頭。任正非沒同意。一個高科技企業絕不能對歷史懷舊，絕不能躺在過去的功勞簿裡，那樣就很危險了。

有人統計過死掉的世界五百強企業，發現一個共同的特徵，就是它們都有一個企業博物館，專門展示企業的光輝歷史。

有了活力，公司就如同活水一樣，會自動繞過大山的阻礙，主動填滿坑窪的低地，千迴百轉，終歸大海。

公司就有了自動校正功能，可以隨時修訂戰略、戰術，隨時提出建議，雖然很多只是碎片化的靈感，但是沒有關係，決策層自然會提煉。

替華為賺了大錢的數據卡業務，就是緣於公司的接待陪同人員聽到沃達豐的客戶偶爾問起，福至心靈，於是有了華為數據卡。

靠小靈通風頭一時蓋過華為的中興和UT斯達康，它們的弱點也是華為的一名普通員工發現的。華為採納之後，很快就終結了中興和UT斯達康的高利潤。

為拓展海外市場做的近一百個國家的國別商情調查和國際合約商務指導書，是公司投標辦的員工提出來的，這讓華為避免了無數的商業欺詐和損失。

華為為營運商製造的一千人民幣以下的智慧型訂製機，是公司消費實驗室的一名員工提出的，做出來後，營運商十分認可。

重要的是，員工提出合理方案後，公司就會採納，並將其推廣。華為這三十年，就是一邊不停地跑，一邊不停地改進，從不停下腳步，也從不停止改進。

加入華為的新人，會時刻感受到華為的狼群氛圍，「蓬生麻中，不扶自直」，在不知不覺中成為一匹狼。

這就是華為的活力。

有了活力，士兵碰到敵人就敢嗷嗷叫著衝上去，僅僅兩三個華為海外人員就敢去非洲開闢一個新的銷售區域，任正非就敢訂定讓其他公司目瞪口呆的高目標。

華為是有創造力的狼群，而不是沒腦子的僵屍群。

二〇一八年四月，有記者採訪任正非，提到近兩年華為的「狼文化」提得少了，華為還會堅持「狼文化」嗎？

這時華為剛剛公布了二〇一七年營收業績，形勢一片大好，成績非常耀眼。即便如此，任正非依然認為自己做得不好。

二〇一七年華為有個活動，叫「燒不死的鳥才是鳳凰」，當時處置了不少高階管理人員，很多人都是降兩級，任正非也是受處分的成員之一，連輪值ＣＥＯ都被處分了。為什麼？就是要以此來警戒。

對於「狼文化」，任正非很肯定地答道：「我們永遠都是狼文化。可能有人把『狼』歪曲理解了，並不是我們擬人化的原意。第一，狼嗅覺很靈敏，聞到機會拚命往前衝；第二，狼從來是一群狼去奮鬥，不是個人英雄主義；第三，可能要吃到肉有困難，但狼是不屈不撓的。這三點對奮鬥而言都是正面的。」

為了讓華為這支狼群保持體態，不變成只會哼哼的一群豬，任正非堅持華為不上市。一上市，就會有一批人變成百萬富翁、千萬富翁，激情就會衰退，由奮鬥者變成享受者，這對華為不是好事，對員工本人也不是好事，華為會因此緩慢增長，乃至隊伍渙散。

華為每年要招五六千名新人，其中大部分是剛畢業的大學生，用這些新鮮的血液來幫助華為保持血管通暢，又用末位淘汰制每年刷掉一批人。哪怕這些人裡有一些其實做得很努力，業績也不錯，但身居末位，便要被淘汰掉。公司雖然是由有感情的人聚合起來的，但公司作為集體是沒有生命的，血液停止流動，公司即告死亡。

此外，又有大批的戰略預備隊充當在後面追趕的惡狼。華為整體是狼，內部也是狼追狼，防止狼群退化。老狼精力不足時，新狼即刻頂替上去。整支狼群自然地新老交替，狼群生生不息。

華為尊重歷史上做出貢獻的人，但絕不會因其過去的貢獻，就放任其尸位素餐，德位不配，損害公司的整體利益。在華為，至高無上的目標是不顧一切地生存下來，是獲得勝利，而不是平衡和面子。一切有害於公司生存的人和行為，都必須被制止和驅除。在「生存」這個大問題面前，平衡和面子不值一錢。

甚至為了保持狼的戰鬥性，華為沒有退休福利，它給奮鬥員工在持續績效條件下保留獲取投資收益的機會，絕不承擔員工退休福利帶來的壓力。華為永遠不會變成養老型的公司。

二〇一一年，徐直軍發表了一篇〈告研發員工書〉，直指研發人員的嬌氣怠惰傾向。此篇被列為華為「四大名著」之一，非常有名。有趣的是徐直軍的口吻與任正非極其相似，如果說這篇文章是任正非寫的，肯定沒人懷疑。之前孫亞芳也寫過風格類似的文章，可見華為高層思想和價值觀之統一。

〈告研發員工書〉全文如下：

公司研發是成功中的要素，不是唯一的要素。公司的成功是各種綜合因素構成的，研發人員也不是天之驕子，不能要求別的部門對你過度服務。

公司研發人員的收入，支撐在餐廳享受較好的餐食是沒問題的，但總有部分員工透過各種管道在抱怨公司各基地餐廳的菜價太高（我們的月平均標準爲三百五十人民幣）。且有部分幹部也在爲民請願。我們希望改變這種現狀，員工已經是大人了，應該可以自己生活，可以不選擇購買公司的行政服務；爲民請命的幹部不成熟，可以抽調去幫廚三個月，以實踐他的建議，直到實現再回到研發崗位。我們研發人員不要做葛朗臺式的人物，一個連自己每天的基本生活都不願花錢保障的人，對別人的服務百般挑剔的人，怎麼會有人喜歡？由於華爲虛幻的光環，社會上有些女孩子盲目地喜歡我們的研發人員，她們眞的瞭解嗎？試問，與連自己的伙食費都捨不得花的人在一起生活，你會幸福嗎？那種對別人的服務百般挑剔的人，你受得了嗎？不會挑剔你嗎？不把你折磨死才怪呢。

一個對生活斤斤計較的人，怎麼能確保高效率工作呢？葛朗臺式的人在公司是沒有發展前途的。我們正確的做法是努力工作，增加收入，改善生活。同時也要理解爲你服務的人，他們也要生活下去，不是你一人生活好，而不顧及別人。我們的研發人員要學會感恩，感謝爲你服務的人。幹部也不要隨便把矛盾轉移出去，學會管理員工的心理預期。你去幫廚的這三個月，暫不降低你的薪資，做不好再考慮。

任正非的批示如下：

此文寫得何等好啊！希望研發及海外代表處的員工學習一下。你們都是成人了，要學會自立、自理。我們是以客户爲中心，怎麼行政系統出來一個莫名其妙的員工滿意度，誰發明的？員工他要不滿意，你怎麼辦呢？現在滿意，過兩年標準又提高了，又不滿意了，你又怎麼辦？滿意的錢從什麼地方來，他的信用卡交給你了嗎？正確的做法是，我們多辛苦一些，讓客户滿意，有了以後的合約，就有了錢，我們就能活下去。員工應多貢獻，以提高收入，改善生活。我們的一些幹部處於幼稚狀態，沒有工作能力，習慣將矛盾轉給公司，這些幹部不成熟，應調整他們的崗位。海外伙食委員會不是民意機構，而是責任機構，要自己負起責任來的，而不是負起指責來。國內後勤部門要依照市場規律管理，放開價格，管制品質。全體員工不要把後勤服務作爲宣洩的地方，確實不舒服要找心理諮詢機構，或者天涯網。

對想過安穩日子的員工，看到這兩篇文章會覺得扎心；對一匹奮鬥中的狼來說，這不過就是芝麻綠豆大的事情，根本不會縈繞在其心上。正如徐直軍所言：「一個對生活斤斤計較的人，怎麼能確保高效率工作呢？」所以，對於華為，不能從普通上班族的角度來看待，也不能以「常理」揣度。

一方面，給華為員工高薪資和豐厚的分紅，另一方面，任正非對「耽於享樂」又保持著強烈的警惕和反感。他很清楚，一個被「享受」腐蝕了的老員工，價值還不如一個剛剛走出校門，一無所有的熱血大學生：成功是一個討厭的教員，它誘使聰明人認為他們不會失敗，它不是引導我們走向未來的可靠的嚮導。華為已處於上升時期，它往往會使我們以為八年的艱苦奮鬥已經勝利。這是十分可怕的，我們與國內外企業的差距還很大，只有繼續艱苦奮鬥，長期保持進取、不甘落後的態勢，才可能不會滅亡。繁榮的背後，處處充滿危機。

好逸惡勞，是人的天性。做熵減，就要跟人的天性做鬥爭，永遠保持奮鬥者心態。訪問美國矽谷的時候，任正非曾與一些年輕科技人員座談。這些年輕人工作勤奮，不分白天黑夜，比任正非想像的拚命三郎還厲害。

任正非問他們，這樣工作能做一輩子嗎？他們回答說，現在社會技術進步得太快，不拚就注定是死路一條。很殘酷。但是你不對自己殘酷，你的後半生就會對你殘酷。在這個年代，你永遠擺脫不了愈來愈快的技術進步的壓力和生存的壓力。花前月下，是二十世紀五六〇年代以前傳統工業的生存方式，那時有一項產品可以保證企業活二十年，而現在，三個月前世界領先的，今天就可能無人問津。

任正非曾和一些美國、歐洲公司的創始人一塊聊天，發現他們也是很辛苦。論付出的辛勞代價，美國人不比中國人少。任正非感慨「真正想做將軍的人，是要歷經千辛萬苦的」，絕不會有什麼捷徑可走。

落後了幾百年，華為想要短期內追上，除了拚命，別無他途。

華為的創業史，就是一部追趕史、超越史。

銷售人員敢拚命，研發人員不怕辛苦，敢做穿山甲，鑿穿大山！

華為的好多技術都是從「0」開始創造，在一張白紙上作出世界名畫。一個很特別的點是，他們敢抄近路，直接瞄準更有競爭力、具有差異化的、面向未來的產品方案，不超越同業不罷休，絕不做「苟且方案」。定下目標後，就算面臨再大的困難，他們也會千方百計想方設法解決，這種決心和行動力，在華為的研發部實屬常態，是華為特有的企業文化。

微波研發就是這樣。最初，華為沒有自己的解決方案，只能靠賣別人的產品，成本高且頻寬小，於是華為下決心自己做。二〇〇七年，華為到米蘭投標沃達豐的專案，沃達豐的負責人毫不留情地批評：「你們的產品指標沒有競爭力。」、「你們的產品更像是臨時拚湊的方案！」沒想到，一年後，華為無線通訊團隊就拿出讓沃達豐感到「不可思議」的滿意產品。憑藉技術創新上的優勢，如今華為無線通訊已經是世界第一，成為業界的領頭羊，產品及解決方案廣泛應用於全球一百多個國家，服務於全球前五十的營運商及廣電、電力、政府、能源、交通等多個領域。

ＩＰ晶片也是如此。從１０Ｇ、２０Ｇ路由器向４０Ｇ路由器躍進時，華為研發團隊採用了全新的架構和演算法，以及最新的半導體工藝，由此帶來了前所未見的技術挑戰。到二〇〇九年，掌握了核心技術的４０Ｇ ＩＰ晶片研製成功。一年內，他們又做出了叢集路由器，成為世界上第三家能做出叢集路由器的公司。二〇一三年，４００Ｇ路由器開始商用，技術上比同業提前了一年半，進入了無人區。二〇一六年的巴賽隆納世界行動通信大會上，華為展出了世界上最快的２Ｔ路由器！

ＧＳＭ系統是這樣，ＧＳＭ多載波技術是這樣，Single天線同樣如此。在研發方案時，研發人員堅決不苟且，僅在現有的基礎上稍作改動，以求儘快推向市場，而是瞄準業界最佳。五年的時間，華為天線又成了領跑者。

華為第二代系統平臺便是在第一代的基礎上進行的顛覆性研發，採用全新架構，力求領先同業五年。幾百人的幾百個日日夜夜過後，二〇〇七年，第二代平臺順利問世！

就在第二代平臺遙遙領先於同業的時候，華為研發又開始革自己的命——做新一代雲端平臺！

其實，華為的第一代系統交換平臺，是在研發犯了嚴重的錯誤後才啟動的。這一錯誤，差點兒要了華為核心網的命。

二〇〇一年，華為研發推出了新一代專用交換機 iNET。這是幾百位研發人員花了兩年多的時間奮鬥出來的成果。沒想到，迎接他們的不是鮮花和掌聲，不是源源不絕的訂單，而是客戶痛心疾首的批評：「華為根本不懂新一代電信網路！」

競標失敗，不被客戶接納入網，被客戶拋棄的這個現實，禍根早已埋在華為研發人員的驕傲自滿和以自我為中心的心態上。他們固執地認為基於 ATM 的專用交換機才是客戶需要的，在與客戶的溝通中，不僅反對系統交換的演進方案，甚至對客戶的決策進行抨擊，令客戶大失所望。

實際上，基於 IP 的系統交換才是正解。深陷在「技術推動」泥沼中的華為研發遮罩了自己的耳朵和眼睛，一廂情願地向客戶硬推 iNET，直到被客戶失望地拋棄，他們才猛然驚醒。

好在華為還是那個年輕有勇氣的華為，他們調整了戰略方向，決定基於 IP 重做平臺，重新回到「以客戶為中心」！

到了二〇〇三年，華為的系統交換平臺終於成功，後來居上，再次大幅度超越了同業。最後，華為的核心網成為全球第一！

正是有了十八萬敢於拚命的華為人，才有了現在的華為，才改變了國外對於中國科技企業「落後，低階」和中國商品「價廉質低」的不良印象。

任正非曾經用烏龜寓言來要求華為人，而狼和烏龜這兩種截然不同的動物結合在一起，竟然不顯得衝突：

> 古時候有個寓言，兔子和烏龜賽跑，兔子因爲有先天優勢，跑得快，不時在中間喝個下午茶，在草地上小憩一會兒，結果讓烏龜追過去了。華爲就是一隻大烏龜，二十五年來，爬呀爬，全然沒看見路兩旁的鮮花，忘了經濟這二十多年來一直在爬坡，許多人都成了富裕的階層，而我們還在持續艱苦奮鬥。爬呀爬……一抬頭看見前面矗立著「龍飛船」，跑著「特斯拉」那種神一樣的烏龜，我們還在笨拙地爬呀爬，能追過他們嗎？

烏龜精神被寓言賦予了持續努力的精神，華為的這種烏龜精神不能變，我也借用這種精神來說明華為人奮鬥的理性。我們不需要熱血沸騰，因為它不能點燃為基地站供電。我們需要的是熱烈而鎮定的情緒，緊張而有秩序地工作，一切要以創造價值為基礎。

在中國，「烏龜」是「慢」和「保守」的代名詞，而「保守」又是貶義詞。自近代以來，激進就成了中國的主流意識，大家都很著急，恨不得幾年內就趕上美國、英國、日本、俄羅斯，一切都是一快到底。

這種心態在如今的生活中依然處處可見，是很多人的常見心態。尤其是網路時代，一切都急，恨不得今天有個網路創業模式，明天獲得投資，後天就ＩＰＯ，大後天就推向全球。

太急了。太多人以快為好，喜歡大而耀眼的事物，喜歡面子上的東西，喜歡幻想，不停地追逐風潮，不能把全部精力用於踏實做事。

任正非就曾號召學習日本人和德國人的扎實工作態度。在ＧＤＰ總量上，日本、德國雖然早已被中國超越，看似中國往後便可俯視日本、德國了，其實不然。日本、德國的企業品質、員工素質，都要優於中國，值得中國企業繼續學習幾十年。

而且，美國並沒有變得衰老。新的世界級企業正在不斷誕生，從谷歌、亞馬遜、

Facebook、Twitter，到特斯拉，美國正煥發著強大的生機。

「我們要正視美國的強大，它先進的制度、靈活的機制、明確清晰的財產權、對個人權利的尊重與保障，這種良好的商業生態環境，吸引了全世界的優秀人才，從而推動億萬人才在美國土地上創新、擠壓、輩出。矽谷那盞不滅的燈，仍然光芒四射，美國並沒有落後，它仍然是我們學習的榜樣，特斯拉不就是個例子嗎？我們追趕得艱難，絕不像喊口號那麼容易。口號連篇，就是管理的浪費。」

所以任正非認為寧可步子邁得小一些，寧可顯得保守一些，哪怕是被人嘲笑也無所謂。因為承擔企業生存壓力的人是他，而不是那些嘲笑他的人，大可不必為了別人善意的勸解或者惡意的嘲諷而改變自己的步調、節奏。

二〇一六年，任正非再次提醒，人力資源政策要朝著熵減的方向發展，各部門的迴圈賦能、幹部的迴圈流動千萬不能停，因為停下來就沉澱了，就有了惰性，就不可能適應未來新的挑戰。預備隊方式的旋渦愈旋愈大，把該捲進來的都啟動一下。這種流動有利於熵減，使公司不出現超穩態惰性。

什麼時候進入了超穩定，什麼時候華為認為自己不需要改進，什麼時候華為覺得可以停下來舒舒服服地待著，華為也就離死不遠了。

在二〇〇七年華為「離職再上崗」事件前，任正非曾在華為內刊上發表了一篇題為〈天道酬勤〉的文章。

任正非寫道：「一個沒有艱苦奮鬥精神做支撐的企業，是難以長久生存的。而我們現在有些幹部、員工，沾染了『嬌』、『驕』二氣，開始樂道於享受生活，放鬆了自我要求，怕苦怕累，對工作不再兢兢業業，對待遇斤斤計較，這些現象大家必須防微杜漸。不能改正的幹部，可以開個歡送會。」

這篇文章被稱為這場「集體辭職事件」的前奏。

二〇〇七年十月，五千一百多名在華為工作滿八年的員工，以個人名義向公司提交了辭職申請。按照N＋1方案，這批員工「自願辭職」後，華為將支付高達十億元的退職金。與此同時，華為將有選擇性地與「自願辭職」員工重新簽訂勞動合約，薪酬略有調升。

很多人只看到了「自願辭職」，卻沒看到十億元的退職金。之所以付出這麼大的代價，只有一個目的，就是保持公司的狼性和奮鬥精神，任正非寧可要一個充滿激情、剛畢業的大學生，也不願意要一個意志消沉、渾渾噩噩度日的老員工。

二〇一七年二月二十四日，任正非在泰國與地區部負責人、在尼泊爾與員工座談的演說中，回應了員工三十四歲要退休的傳言：

網上傳有員工三十四歲要退休，不知誰來給他們支付退休金？我們公司沒有退休金，公司是替在職的員工買了社保、醫保、意外傷害保險等。你的退休得合乎國家政策。你即使離職了，也得自己去繳費，否則就中斷了，國家不承認，你以後就沒有養老金了。當然你們也可以問在西藏、玻利維亞等戰亂、瘟疫……地區英勇奮鬥的員工們，徵詢他們願不願意爲你們提供養老金，因爲這些地區的獎金高。他們爬冰臥雪，含辛茹苦，可否分點給你。華爲是沒有錢的，大家不奮鬥就垮了，不可能爲不奮鬥者支付什麼。三十多歲年輕力壯，不努力，光想躺在床上數錢，可能嗎？

此話一經發出，在社會上引發巨大迴響。

任正非平易近人嗎？是的。員工眼中的他非常親切，很暖心。任正非見誰都是講加油打氣的話：「好好做，未來很好。」員工編號63號的孫進進回憶起最初的那段打拚歲月：「他記性非常好，很多人見過一次，第二天馬上能叫得出名字。晚上加班，他會親自數人頭，安排司機去採買麵包、牛奶和宵夜，發給加班的員工。」

對於海外拓展人員，任正非體貼到把蚊子叮咬的事情都考慮進去了：「我們要把公共區域（如餐廳等）的消毒做起來，宿舍可以安裝紫外線燈，員工出門的時候，把紫外線燈開著，晚上回去就關了。紫外線可以殺菌，包括伊波拉病毒。有人說怕蚊子、怕瘧疾，為什麼不給每個人買個大蚊帳呢？可能有一些年輕人睡覺不老實，手會伸出床外去，可以把蚊帳做大一點，晚上把蚊子趕盡後，再把蚊帳放下來。」

但是他又能「狠心趕走」員工，毫不留情。

究其原因，只能用「熵減」和「狼文化」來解釋了。

2 沸騰的大鍋：任正非的用人之法

一個人進了華為，大概會覺得自己是一粒掉進沸騰大鍋裡的米，不斷上下翻騰。

在華為，這是常態。一名華為員工曾代表公司跟愛立信等公司談3G合作。愛立信的人說，他們最佩服華為的就是華為人能上能下，如果一個項目談判得不好，半年內就再也看不到這個人。這在愛立信可行不通。

在華為，愈是核心幹部，愈是「折騰」得最厲害，想一路順暢地升上去是不可能的。今天你是部門總裁，明年可能就會成為區域辦事處主任，後年可能又被派到海外開拓市場，平均每兩年變動一次。所謂「燒不死的才是鳳凰」，不能做到能上能下，不能平淡看待幾起幾落，就注定無法承受身為領導者的沉重壓力，無法透過市場磨難的洗禮，也就無法帶領部門向前。任正非要的是花崗石，不是海綿。

「下馬威」從新人一入公司就開始了。任正非親自撰寫的〈致新員工書〉，裡面充滿了任正非對於人才培養的獨特思維：

實踐改造了人，也造就了一代華爲人。您想做專家嗎？一律從工人做起，這教條已經在公司深入人心。進入公司一周後，博士、碩士、學士，以及在內地取得的地位均消失，一切憑實際才幹定位，這樣做已爲公司絕大多數人接受，希望您接受命運的挑戰，不屈不撓地前進，不惜碰得頭破血流。不經磨難，何以成才？……公司永遠不會提拔一個沒有基層經驗的人做高級領導工作。遵循循序漸進的原則，每一個環節對您的人生都有巨大的意義。您要十分認眞地去對待現在手中的任何一件工作，累積您的記錄。要尊重您的現行領導，儘管您也有能力，甚至更強，否則將來您的部屬也不會尊重您。要有系統、有分析地提出您的建議，您是一個有文化者，草率的提議，對您是不負責任，也浪費了別人的時間。特別是新來的，不要新官上任，紙上談兵。要深入地分析，找出一個環節的問題，找到解決的辦法，踏踏實實地一點一點去做。不要譁眾取寵。

各司其職，各安其位，底層只能務實，絕對不許務虛，這是任正非在〈致新員工書〉裡隱含的意思。一個人做好了他的本職工作，才可以有針對性地提出一兩點相應的看法。

務實的任正非特別討厭不瞭解情況就誇誇其談的人。曾經有個剛入公司的員工發現了很多問題，包括華為的戰略層面，於是給任正非寫了一封萬字長信，洋洋灑灑，提出了自己的見解。任正非看過信，回復道：「此人如果有精神病，建議送醫院治療；如果沒病，建議辭退。」

任正非經常會收到一些員工寫給公司的大規劃，他都給扔進了垃圾桶。他絕不相信一個底層員工可以洞悉公司的戰略規劃，並提出有建設性的提議。

一般人是很難適應這種折騰的，也很少有企業會這麼動來動去，就像一個不斷轉動的巨型魔術方塊。這口沸騰的大鍋淘汰了許多無法適應的人，裡面包括很多人才乃至天才。

李玉琢離開華為，其中一個原因就是他三番五次被任正非調動工作，而且在新的工作環境中他往往是單槍匹馬，甚至一連兩個月，連個祕書都沒有，他也不清楚新崗位到底是做什麼的。讓他難堪的是，有一次他和任正非一塊兒散步，任正非突然跟他商量，讓他去杭州辦事處擔任行政助理。一個執行副總裁，年紀那麼大，突然被調去辦事處當行政助理，簡直就是一貶到底。

李一男離開華為，除了受不了任正非的火暴脾氣，要爭口氣證明自己，跟任正非在技術發展方向上有分歧之外，他的職位變動也是原因之一。被分配到莫貝克，讓他覺得自己是被流放發配，於是心生去意。

這樣的例子不勝枚舉。新人進入華為，直接就面臨是否服從職位調動安排的難題。但是留下的都是能夠接受華為模式，能夠跟得上節奏，願意追隨任正非去征服世界的人，會很自然地融入華為這個團體。經過千錘百鍊，終成精鋼，有了「勝不驕，敗不餒」的強者心態，此後便可獨當一面，這才是真正的可用之才。所以，在華為累積資歷一途，大概是最沒希望的升遷之路。

如同一支軍隊，有的將領善攻，有的善守，有的善襲擊，有的善死戰，但有一種將領是很難被歸為合格將領，那就是勝則得意忘形，敗則一蹶不振。相應地，士兵中也有的只能打順風仗，順風時殺氣沖天，連老虎屁股都敢摸；戰況不利則掉頭就逃，魂飛魄散。這樣的軍隊不能用來打仗，連維持治安都不行，大概只能用於管理俘虜。

任正非需要的不只是能打勝仗的隊伍，更是能打硬仗、敗而不潰的隊伍。這樣的隊伍只有一種信念，那就是勝利。他們可以笑對成功，再接再厲；可以不懼失敗，知恥後勇。他們不是天生的強者，但是他們有不斷超越的強者心態，終成英雄。

二〇一六年，任正非在華為戰略預備隊建設彙報大會上，提出研發打算每年輸送二〇〇〇人上前線。「這些優秀人員經過兩三年的戰火薰陶和考驗，對客戶需求的理解就深化了，回來做產品領導，接地氣了。」

團隊合作是華為核心價值觀的重要體現，「勝則舉杯相慶，敗則拚死相救」，要有明確的集體主義觀念。華為是狼群，並非單指狼的數量堆積，所有的狼必須有統一的思想、統一的方向、統一的領導、統一的步伐，否則就沒有戰鬥力。

軍人出身的任正非，用打仗來描繪集體主義：

> 打上甘嶺的時候，沒有「你們」的項目，都是「我們」的項目。說「你們」的人，我要問一下：你做了什麼貢獻？你衝上去沒有？開了槍沒有？上過戰場沒有？流過血沒有？沒有，你就下去。要身臨其境，做一名戰鬥員，不要做一位站在岸上的專家。以後評審專案的時候，就放到游泳池去評審，有深水區和淺水區，當他再站在旁觀的角度說「你們」的項目時，就把他推到深水區去嗆一下，不能老在岸上說閒話！

「勝則嫉恨嘲弄，敗則見死不救」，甚至在普通的公司中，不過是小小的部門利益之爭和個人利益之爭，這十二個字也是常見現象。「勝則舉杯相慶，敗則拚死相救」，說起來容易，做起來何其艱難，華為能夠將其貫徹到基層，足顯任正非的高明。

有了集體主義基礎，華為才能派出無數貼近前線的「鐵三角」，將公司的力量盡量充實到一線去。這個鐵三角，透過公司的平臺，及時、準確、有效地完成一系列調節，調動力量。前方看似只有幾個人，實際上後方有數百人在網路平臺上給予支援。就像現在的高科技戰爭，一個班長就可以呼叫炮火，這就是「班長的戰爭」，就是「讓聽得見炮火的人呼叫炮火」。鐵三角的領導，不光要有攻山頭的勇氣，而且應胸懷全域，胸有戰略，因此就有了「少將連長」的說法，以此來突出「連長」的重要性。

有了後方的炮火支持，這個鐵三角就不是赤手空拳打天下的草莽英雄，而是集團軍派出的特種部隊，因而敢去開闢新天地！

3 「從泥坑裡爬起來的人就是聖人」：批判與自我批判

在中國企業界乃至世界企業界裡，號召員工不停地進行批判和自我批判，具有這種審慎反省自覺精神的公司，估計只有華為。

反躬內省，是中國人的古老傳統。中國人沉穩勤勞，往往又驕傲自大，耐性不足，務虛多過務實。一九三四年，林語堂先生寫了一部《吾國與吾民》，裡面提到了中國人的十五種國民性格：⑴穩健；⑵單純；⑶酷愛自然；⑷忍耐；⑸消極避世；⑹超脫老猾；⑺多生多育；⑻勤勞；⑼節儉；⑽熱愛家庭生活；⑾和平主義；⑿知足常樂；⒀幽默滑稽；⒁因循守舊；⒂耽於聲色。快一百年了，這些標籤依然穩穩地貼在中國人身上。尤其有了網路，民眾眼界大開，自我約束力降低，個人主義膨脹，受不得批評，自我批評更是鮮見。

任正非的看法比林語堂先生更激烈：「中國人一向散漫，自由，富於幻想，不安分，喜歡淺嘗輒止的創新。不願從事枯燥無味、日復一日重複的工作，不願接受流程和規章的約束，難以真正職業化地對待流程與品質。……」

在華為，自我批判不是一個虛幻的口號，而是一種持之以恆的制度和文化，是融合在華為血液中的基因。如果不能理解並認同這一點，就無法理解華為為什麼可以自動進化。

任正非說：「自我批判是拯救公司最重要的行為，世界上只有那些善於掌握自我批判的公司才能存活下來，世界是在永恆的否定之否定中發展的。如果不堅持自我批判這個原則，華為絕對不會有今天，沒有自我批判，華為就不會認真聽取客戶的需求，就不會密切關注並學習同業的優點，就會以自我為中心，很快被淘汰。」

批判與自我批判，一切都是為了延續華為的活力。自我批判不是要洗腦，洗腦對華為來說沒什麼用處，不管哪個行業，被洗了腦的人都會變得智商下降，變得執著又呆頭呆腦，讓人生厭，是不能指望這樣的人上一線的，他們一定會壞事。能夠時刻保持頭腦清醒又有幹勁兒，才是華為需要的人才。就算敢死隊，也要有頭腦，靈活機變，而不是絕望的自殺式衝鋒。自我批判是要讓華為人不斷提醒自己，不斷改進，不斷向前跑，要跑得比別人快，不是變傻子。「任何一個時代的偉大人物都是在磨難中百煉成鋼的。礦石不是自然能變成鋼，是要在烈火中焚燒去掉渣子，思想上的煎熬、別人的非議都會促進爐火熊熊燃燒。缺點與錯誤就是我們身上的渣子，去掉它，我們就能變成偉大的戰士。」我們可以從歷史中找到許多美名不揚的例子。那些曾經創造輝煌事業的人，卻在人生的下半場變得驕傲自滿，得意忘形，「企業家精神」消退，繼而事業迅速敗落，當事人悔不當初。

那些喪失自我批判的意願、丟掉自我批判武器的大公司，照樣會摔下來，而且摔得更慘，儘管它們當初也是以奮鬥為起點，在創業過程中時刻以客戶為中心，大力投入研發，有著先進管理模式。

獨霸世界手機品牌第一寶座整整十四年的諾基亞手機，就是因為長久的順境，喪失了自我批判的動力，結果成了「一百分的輸家」。被微軟收購的新聞發布會上，它的CEO埃洛普沮喪又傷感地說：「我們沒有做錯什麼，但是還是失敗了。」

二〇一〇年，借助新奇的網路行銷模式，陳年的凡客誠品（VANCL）成為現象級（引領社會潮流的現象）的焦點。接連完成五輪融資的陳年，在資本的猛推下，躊躇滿志地對記者說出自己將來的目標：「我希望將來能把LV（路易．威登）收購下來。」一年的時間，他就以吹氣球般的速度，從單一的男士T恤、帆布鞋等產品銷售平臺膨脹到產品達十九萬種的電商平臺，連菜刀和拖把都銷售。二〇一一年，凡客巨虧六億人民幣！

諾基亞如此，凡客也是如此，無數失敗的公司都是如此。就連華為自己，儘管任正非時時敲打警鐘，依然擋不住奮鬥精神的飛速消退。二〇〇〇年，華為已經崛起，很多華為早期員工卻在緬懷創業時期的良好氛圍，感慨今不如昔：「以前公司內部有很好的氛圍，大家都是真正以公司為家，沒有一點兒私心。那時，雖然條件很艱苦，大家收入不高，但是士氣很高，充滿了奮鬥的激情。後來條件逐漸好起來了，大家收入也高了，可是那種奮鬥的衝動和無私奉獻的精神似乎在退化。可以毫不客氣地說，華為人的士氣已經大大低落。如果將來華為出問題，肯定是出在這上面。」

華為三十年，取得的成績確實驚人，但它犯下的錯誤也是數不勝數。各種判斷失誤、各種管理失誤、各種浪費、各種折騰反覆，華為也因此流失了許多人才。

從來沒有不犯錯誤的公司，關鍵是能否少犯錯誤，能否同樣的錯誤不犯第二回，能否從錯誤中吸取教訓。從「燒不死的鳥才是鳳凰」，到「從泥坑裡爬出的人就是聖人」，華為一直在自我批判。正是這種自我糾正的行動，使華為這些年健康成長。

沒有批判與自我批判，或許華為在一九九六年就自我膨脹，把自己壓死了；沒有批判與自我批判，或許華為在二〇〇〇年後的「冬天」就凍死了；沒有批判與自我批判，或許華為在二〇一一年的消費者業務上就狠不下心來，步上聯想、酷派的後塵。

二〇〇〇年，華為研發體系舉行過一個萬人規模的「呆死料」大會，大會的標題就是「從泥坑裡爬起來的人就是聖人」。在現場，任正非把由於工作不認真、測試不嚴格，進而使得研發、工程技術人員得因此奔赴現場「救火」的往返機票票根、以及盲目創新造成的大量廢料，成箱成盒地包裝成特殊的獎品，發給了研發系統的幾百名核心人員。

這太有任正非風格了，只有他才會如此不顧情面，大張旗鼓。他甚至建議「得獎者」將這些廢品抱回家去，與親人共享……

他的思考模式是：「華為還是一個年輕的公司，儘管充滿了活力和激情，但也充塞著幼稚和自傲，我們的管理還不完善。只有不斷地自我批判，才能使我們儘快成熟起來。我們不是為批判而批判，不是為全面否定而批判，而是為優化和建設而批判，總的目標是要導向公司整體核心競爭力的提升。」

而當天那幾百份丟臉的獎品，就有希望換來研發系統的巨大成長。「研發系統這次徹底剖析自己的自我批判行動，也是公司建設史上的一次里程碑、分水嶺。它告訴我們經歷了十年奮鬥，我們的研發人員開始成熟，他們真正認識到奮鬥的真諦。未來的十年，是他們成熟發揮作用的十年，而且這未來的十年，將會有大批更優秀的青年湧入我們公司，他們在這批導師的帶領下，必將產生更大的成就，公司也一定會在未來十年得到發展。」

現實確如任正非所言，華為研發確實做到了，而且做得更好。

二〇一八年一月十七日，任正非簽發了一份〈對經營管理不善領導人的問責通報〉，任正非自罰一百萬人民幣，郭平、徐直軍、胡厚崑各罰款五十萬人民幣，同時，華為常務董事李傑也被罰款五十萬人民幣，並通報公司全體員工。原因是海外一些代表處發生了經營品質事故和業務造假行為，公司管理層對此負有領導不力的責任。之後，在人力資源2.0總綱第二期研討班上，各級管理者在開放性的討論中，炮轟創始人任正非，列出了整整十大「罪狀」：

「一、任總的人力資源哲學思想是世界級創新，但有的時候指導過深、過細、過急，HR體系執行過於機械化、僵硬化、運動化，專業力量沒有得到發揮。」

例如，海思的一些科學家因為比例問題必須打C，結果這些人離開公司，就被人家搶著聘為CTO，而且做得不錯。現在HR管得太細了，條條框框太死了。各級主管對人力資源的有些政策怨聲載道，人盡皆知，但ＨＲ基本是視而不見。

「二、不要過早否定新的事物，對新事物要抱著開放的心態，讓子彈先飛一會兒。」

這幾年，任總強調聚焦的多，「收的」多，對一項新技術、新事物，在沒有看清楚之前否定的多。這是大家共同的感受。

老闆發言都是公開的，因為老闆的個人影響力和個人威望太高了，員工們要花很多時間去滅火，老闆講完人工智慧，員工們趕緊要跟諾亞方舟的專家談，不是這麼一回事；老闆關於ＡＲ／ＶＲ的發言結束，員工們要跟ＡＲ／ＶＲ團隊的專家解釋；關於自動駕駛，查鈞那裡也做了研究，也需要去解釋。老闆的言論原本只是對內發表，現在是全社會都能看到。老闆都這樣說了，底下人還怎麼吸引人才？專家說「你要我來做什麼呢」？人工智慧、ＡＲ／ＶＲ、自動駕駛等領域都很難吸引到業界優秀人才。

「三、薪資、補貼、獎金、長期激勵等價值分配機制需要系統性梳理和思考。」

公司出現了一個怪現象，就是傳統業務的一些管理者職級虛高、薪酬福利虛高，出去後找不到薪酬相當於現在每年繳稅額度的職位；而新業務的核心幹部大量被人挖角，人家只挖最佳時期做出最佳貢獻的年輕人，華為很被動。華為在ＨＲ政策上，不深入實際，不瞭解業務，不重視專家，不重視新人所造成的大水氾濫，情況非常普遍，也是大家詬病較多的。華為管理者和ＨＲ體系都需要反思。

「四、不能把中庸之道運用到極致，灰度、灰度再灰度，妥協、妥協再妥協。」

從任總的哲學思想來說，任總一直推崇英國的改革，不推崇法國的大革命，認為改革比革命好，建設比破壞好。任總這幾年對公司變革的態度一直是提倡多改良少革命，多做增量性變革，導致現在出現了另外一種情況，公司上上下下中庸之道發揮得太極致了，灰度、灰度再灰度，妥協、妥協再妥協。人人都知道要改革，不改不行，但多年來是討論、討論再討論，一直沒改成。

「五、幹部管理要在風險和效率上追求平衡。」

整體來看，華為在幹部的矩陣管理過於複雜，幹部管理未來要在風險和效率上追求平衡，需要重新梳理幹部管理的權力分配。

「六、要重視專家，強化專家的價值。」

對於專家在組織中的價值創造地位以及價值分配，過去有段時間是被相對矮化的。現在不少專家都有恐懼感、困惑感。專家看到一個方向，主管經常用 why 質疑他，而不是用 why not 鼓勵他。如此長期下來，專家被打壓到乾脆不說話，或努力證明領導是對的。

「七、反思海外經歷適用的職務範圍的問題。」

由於強調「之」字形發展，強調海外經驗，華為的 SPDT 經理進行了多輪迴圈。現在去看，當前絕大部分 SPDT 經理皆是白髮叢生，全都四十多歲，缺乏朝氣，沒有什麼年輕人，因為年輕幹部沒有海外經驗，不能提拔。這樣下去，會扼殺了真正有理想和夢想要做出好產品的優秀、年輕的產品經理。按華為的條件，雷軍就不合格，因為他沒有海外經驗；賈伯斯也有問題，他從來沒來過中國。實事求是，從結果來看，市場回流的SPDT經理、子產品線總裁，甚至產品線總裁中，有相當大部分的人做得不好。

「八、不能基於彙報內容、彙報好壞來否定彙報人員或肯定彙報人員。」

當前，彙報成為幹部升遷的關鍵環節。我們不否認彙報是重要的溝通工作方式，也是瞭解幹部的管道，但高級管理者（特別是老闆、輪值），不能基於彙報內容、彙報好壞來否定彙報人員或肯定彙報人員，不要因為一次彙報就輕易否定一個幹部，也不能因為一次彙報就讓一個幹部快速升職甚至跳級升職。我們要堅持戰場選幹部，杜絕僅憑彙報選幹部。

「九、任總的很多管理思想、管理要求只適用於營運商業務，不能適用於其他業務。」

任總的一些管理思想、管理要求只適用於營運商業務，不能適用於其他業務。也就是說，任總的很多話，要加上修飾語「營運商直銷業務」，盲目要求其他業務採用並不合適，甚至可能是一個災難。

> 「十、戰略預備隊本來是『中央黨校』，但由於實際運作執行問題，結果變成了『五七幹校』。」

過去一年，戰略預備隊運作過程中確實有不少問題：脫離實際業務面，訓戰效果差強人意，預備隊的入隊和離隊機制沒有與優秀人才推薦和幹部任用銜接，隊員出隊困難，一線嫌職級高，用處不大，不願意接。不少隊員感到徬徨。這些問題不能迴避。

任總在談話中，有的時候把戰略預備隊和資源集區混為一體，這就造成了不小的混亂。在不少人心目中，戰略預備隊被理解為冗餘人員的緩衝集區，污名化了戰略預備隊的戰略作用。戰略預備隊本來是「中央黨校」，但由於指導思想和實際運作執行問題，結果變成了「五七幹校」。從機制上來說，未來的戰略預備隊還是回歸原本的定位，要變成「中央黨校」，去學習了要有好處，至少認為這個人去戰略預備隊是有前途的。

這十條批評相當尖銳深刻，其中一些內容直指任正非的核心思想。對老闆都能這麼放開批評，那麼自上而下，民主生活、批評與自我批評，就層層順利貫徹下去了。

這種批評和自我批評的氛圍，僅此一家。

面對批評，任正非坦然面對，自信十足：「如果一個公司真正強大，就要敢於批評自己，如果是搖搖欲墜的公司，根本不敢揭醜。正所謂『惶者生存』，不斷有危機感的公司才一定能生存下來。」哪天華為人不願自我批判，人人歌功頌德、上吹下捧、一團和氣的時候，危機恰恰就要降臨了。

第八章

我的世界沒有第一：二〇一八年後的任正非與華為

未來二三十年人類社會將演變成一個人工智慧社會，其深度和廣度我們還想像不到。華爲現在的水準尚停留在工程數學、物理演算法等工程科學的創新層面，尚未眞正進入基礎理論研究。隨著逐步逼近香農定理、摩爾定律的極限，而對大流量、低延時的理論還未創造出來，華爲已感到前途茫茫，找不到方向。華爲已前進在迷航中。重大創新是無人區的生存法則，沒有理論突破，沒有技術突破，沒有大量的技術累積，是不可能產生爆發性創新的。華爲正逐步攻入業界的無人區，處於無人領航、無既定規則、無人跟隨的境地；華爲跟著人跑的「機會主義」高速度，會逐步慢下來，創立引導理論的責任已經到來。

——二〇一六年五月三十日，任正非在全國科技創新大會上的報告

1 三十年大限：輝煌中的危機

二〇一七年，華為交出了一份令人驚豔但任正非仍不滿意的成績單：

華為實現全球銷售收入六千零三十六億人民幣，比去年同期成長一五．七%，淨利潤四百七十五億人民幣，比去年同期增長二八．一%。營收、淨利潤雙雙上升。

全球最大的通信設備製造商；世界五百強企業排名第八十三位（二〇一八年最新排名七十二位），比二〇一六年上升四十六位；唯一入圍 Interbrand「二〇一七年全球最佳品牌排行榜」的中國大陸品牌，位列第七十位；專利申請雄踞二〇一七年全球榜首。

相較之下，阿里巴巴營收一千五百八十三億人民幣，騰訊營收二千三百七十七．六億人民幣，百度營收八百四十八億人民幣，中興營收一千零八十八億人民幣，小米營收一千一百四十六億人民幣，華為的營收再次超過 BAT（百度＋阿里巴巴＋騰訊）之總和，是它們的一．二五倍。

華為的經營性現金流，從二〇一六年的四百九十二．一八億人民幣一下成長到九百六十三．三六億人民幣，幾近翻了一倍，表明華為的財務是很穩定的。

震撼之餘，對照二〇一六年的資料，我們還是能看出一些問題：

1.華爲二〇一七年營收利潤率實現了微成長，達到九．三％。不過對比上面的BAT，華爲的利潤率並不高：阿里巴巴的淨利潤率爲三六．五％，騰訊的爲三八％，百度的最低，也有二二％，總利潤計算下來，BAT是華爲的三．五倍。難怪很多年輕人傾向於去BAT，便是因爲BAT利潤率更高，發展空間更大。

蘋果手機的盈利就更嚇人了，四百五十六．九億美元，利潤率二一％，是全球最賺錢的企業，而且這項桂冠蘋果已經戴了好多年。

2.華爲三大業務中，營運商業務占比下降到了四九．三％，成長幅度最小，僅爲二．五％，要知道二〇一六年成長率爲二三．六％，意即二〇一七年基本上停滯成長。

始於二〇一三年的大規模4G網路建設，到二〇一六年已經基本完成，開始了空窗期。受市場投資週期波動影響，思科利潤下降了一一%，愛立信甚至虧損四十四．七六億美元。不管是營運商還是通信設備商，都在等待5G的到來，但5G能否帶來立即的商業性爆發和巨額利潤，還得拭目以待，但所有人都不敢懈怠，全都咬牙投入。從2G到3G，從3G到4G，歷史再次重複上演。

3.二〇一七年華爲的淨利潤成長二八．一%，對照二〇一六年僅爲〇．四%的成長率來說，可以說是有了長足的進步。這主要得益於營運效率的提升，銷售與管理費用率下降了一．二%，總期間費用率下降了一．一%。

近幾年，華為在手機這塊投入相當大，但盈利不佳，受到了任正非的批評。二〇一七年，終端市場業務終於翻身，打了場漂亮仗。

4.中國市場的營收自二〇〇五年後首次超越國際市場，占比五〇．五%，華爲在北美收入縮水，比去年同期下滑了一〇．九%，北美是全球板塊中唯一負成長的地區。而且，華爲手機借道AT&T進入美國的努力在最後一刻被美國政府硬生生喊卡。中美貿易戰的背景下，華爲手機短時間內難以進入美國。

雖然華為立下目標，華為手機要在二〇二〇年超越三星手機和蘋果手機，成為銷量世界第一，公司整體營收要超過一千五百億美元，但難度還是非常大的，尤其是在沒能打開美國市場大門的情況下，需要每年比去年同期成長一七％，超越二〇一七年一五・七％的成長率。

華為手機寄望的，除了華為即將在二〇一九年推出的支援5G技術的麒麟晶片，以及支援5G技術的智慧手機，便是繼續搶占在三千至五千人民幣價位的市場。五千人民幣以上的市場由蘋果和三星把持，國產手機在三千至五千人民幣範圍內成長空間還很大，這將是華為手機持續使力的市場。將來，華為手機要向五千人民幣以上的高檔手機衝刺，挑戰三星和蘋果。

如今全球手機市場飽和，碰到天花板已是事實，5G技術應用於手機帶來的大規模換機潮恐怕不會到來，華為手機的利潤成長點在於搶奪三星和蘋果的市場銷售額，以及5G後可能爆發的平臺應用的分成。

對於5G到來的影響，任正非抱持相當謹慎的態度：科學技術的超前研究不代表社會需求已經產生。如果社會需求沒有發展到我們想像的程度，我們投入進去的意義就沒有那麼大，因此，5G可能被過度炒作，我不認為現在5G有這麼大的市場空間，因為需求沒有完全產生。如果說無人駕駛需要5G，現在能有幾臺車是無人駕駛？其實輪船、飛機等已經實現了無人駕駛，但是如果飛行員不上飛機，乘客敢上飛機嗎？就是這個道理。系統工程不是有一個喇叭口就能解決的問題。

華為在努力追趕蘋果和三星，小米也在試圖超越華為。恢復元氣後，二〇一七年小米手機迅猛爆發，成長速度驚人。雖然小米手機是以中階機和入門機為主，卻也不可不防。

華為的另一個成長點是企業服務，現在企業服務的占比只有區區的九．一％，但成長率達到了三五．一％，非常迅猛。華為的目標是要打造一個萬物感知、萬物互聯、萬物智慧的開放式雲端平臺，並且與手機終端業務相連，這裡面就有巨大的機會。

近幾年來，各個領頭的企業都在抓緊提前布局，迎接下一個網路的高潮，主導大眾的生活和娛樂。騰訊、阿里巴巴、百度都是如此，拚命擴張，試圖抓住各個潛在的爆發點。華為也不甘落後，早就開始在雲端運算、光纖傳輸、人工智慧、智慧網路、高級演算法、智慧終端機、高清圖像等前瞻領域布局，並加大戰略投入，瞄準機會窗口，縱向發展，橫向擴張，為未來三十年的發展打下堅實的基礎。

任正非的看法是：基於人與人、物與物、人與物之間的智慧互聯，整個世界正在邁向全新的旅程：以物理世界和數據世界的深度融合為特徵的工業革命4.0正在發生，全聯結的人工智慧時代驅動新的商業文明，我們正處於人類歷史上發展最快的進程中。

華為的戰略定位是「做多連接，撐大管道」，「全面雲端化」戰略，從設備、網路、業務、營運四個方面全面改造ICT基礎網路，推動行業數位化轉型，引領雲端時代。

華為的新願景與使命是，把數字世界帶入每個人、每個家庭、每個組織，構建萬物互聯的智慧世界。

對於雲端運算，華為不做業務內容，只做一個基礎平臺。這個基礎平臺就像東北的黑土地，誰都可以來種莊稼，「大豆」、「高粱」、「平安城市」、「汽車」……全世界一百七十多個國家和地區、一萬多億美元網路存量的傳輸交換，把它轉換成平臺，讓所有的「莊稼」成長，這是任正非的一個遠大構想。

二〇一八年年初，華為戰略部門發文稱，在未來一年中，車聯網將會是華為公司的戰略重點，華為立志成為全球「車聯網」的龍頭。

這是巨大的機遇，也存在巨大的風險，戰略投資稍有偏差，或許就會錯過下一個成長點。雖然華為有個大概的方向，但具體哪個點會爆發，誰也不知道。所以大家都是在大霧中縱馬狂奔，明知前方有危險，但根本無法勒馬，只能悶頭猛衝。等爆發點出現，在巨額風險資本的扶持下，一個新巨頭可能在幾年內就拔地而起，徹底顛覆原有格局。

從華為內部來說，研發部門「以客戶為中心」的精神正在退化，各種管理問題依然層出不窮，大企業弊病相當嚴重，效率低下，傲慢自大，存在各種鄙視鏈。

〈華為公司人力資源管理綱要 2.0〉的出爐，就是要先炮轟，然後一點點改革。

孔令賢，知識青年，技術控，華為進入 OpenStack 社區的第一人，OpenStack 社區 core member（核心會員）。他在個人技術博客上發表專題博文一百五十餘篇，成功帶領一支思想開放、融入開源社區，並能夠將開源和商業成果相結合的精兵團隊，支撐華為成為 OpenStack 金牌會員，所帶領的團隊中有兩名成員被評選為 OpenStack core member。因卓越的貢獻，二〇一四年孔令賢被公司破格提拔升級，從十四技術級跳到十七技術級。

這樣的優秀技術人才，卻在「團隊管理、業務推諉，以及無休止的會議中，已經喪失了靜心做技術的心……不知道自己未來的路該怎麼走了」。第二年，孔令賢離開了華為。

兩年後，華為心聲社區發出了〈尋找加西亞〉的帖子，呼喚孔令賢，底下是一大片吐槽：「公司部分主管，不聚焦業務，不善用人才，搞小團體，選邊站，分派別，政治鬥爭打壓。」、「不決策，亂決策，不作為，拍馬屁。」、「部分部門主管還是在粉飾太平，搞政治鬥爭，嫉妒賢能，結黨派，弄得大家無法聚焦工作。」……

任正非看到後，簽發了全公司郵件，按語如下：為什麼優秀人才在華為成長那麼困難，破格三級的人為什麼還要離開？我們要依靠什麼人來創造價值，為什麼會有人容不得英雄？華為還是昨天的華為嗎？勝則舉杯相慶，敗則拚死相救，現在還有嗎？有些西方公司也曾有過燦爛的過去。華為的文化難道不應回到初心嗎？三級團隊正在學習「不要借衝刺搞低品質」、「滿廣志、向坤山都是我們時代的英雄」，不是導向保守主義，而是讓一些真正的英雄血脈賁張，腳踏實地，英勇奮鬥，理論聯繫實際，讓這些人英勇地走上領導崗位。為什麼不能破格讓他們走上主官，為什麼不能破格讓他們擔任高級專家與職員？為什麼不能按他們的實際貢獻定職、定級？遍地英雄不畏犧牲，應在一百多個代表處形成一種正氣。形不成正氣的主官，要考慮他的去留。

其實就在該郵件簽發的前兩天，任正非先簽發了這麼一封郵件：

我們要鼓勵員工及各級幹部講真話，真話有正確的、不正確的，各級組織採納不採納，並沒什麼問題，而是風氣要改變。真話有利於改進管理，假話只會使管理變得複雜、成本更高。因此，公司決定對梁山廣、員工號 00379880，晉升兩級，到 16A。即日生效。並不影響其正常考核與晉升。根據其自願選擇工作崗位及地點，可以去上研所工作，由鄧泰華保護，不受打擊報復。

原來，當年八月，這位名叫梁山廣的員工，在內部員工論壇和技術交流網站上實名舉報：Natural UI 部門將國外的一個開源 UI 專案（開源軟體客戶端指南專案）中文化後，充作自己的科研成果。

任正非這封郵件贏得了華為員工的歡呼，一掃日漸沉悶的氣氛和弄虛作假的風氣。而郵件的結尾，由任正非親自指定保護人，又說明華為內部「打擊報復」的現象確實嚴重。

多年以前，任正非在〈華為的冬天〉裡大聲疾呼：公司所有員工是否考慮過，如果有一天，公司銷售額下滑、利潤下滑甚至會破產，我們怎麼辦？我們公司的太平時間太長了，在和平時期升的官太多了，這也許就是我們的災難。「鐵達尼」號也是在一片歡呼聲中出海。而且我相信，這一天一定會到來。……

我們好多員工盲目自豪，盲目樂觀，如果想過的人太少，也許就快來臨了。居安思危，不是危言聳聽。

華為公司老喊「狼來了」，喊多了，大家有些不信了。但狼真的會來。今年我們要廣泛展開對危機的討論，討論華為有什麼危機，你的部門有什麼危機，你的科室有什麼危機，你的流程中哪一點有什麼危機。還能改進嗎？還能提高人均效益嗎？如果討論清楚了，那我們可能就不死，就延續了我們的生命。

華為已經是世界上最大的通信設備製造商，已經快要「獨孤求敗」了，任正非卻覺得華為依然無比脆弱，是最危險的時候。

《道德經》裡有一段話：「天下難事，必作於易；天下大事，必作於細。是以聖人終不為大，故能成其大。夫輕諾必寡信，多易必多難。是以聖人猶難之，故終無難矣。」細細品味，任正非就抱有這樣的心態。

在華為二〇一六年市場年中會議上，任正非再次放聲高呼：「『鐵達尼』號是在一片歡呼聲中出海的，與華為今日何其相似。循慣性，華為還有三至五年的高速成長，三至五年後呢？百年前生產『鐵達尼』號的貝爾法斯特在工業革命中，何等的繁榮呀！匹茲堡、底特律也曾是世界中心，物換星移，換了人間。三十年河東，三十年河西，華為也三十年了，要想不死，就必須自我改革，啟動組織，促進血液迴圈，煥發青春活力。」從一九八七年到二〇一六年，華為已經走過了三十年，任正非依然憂心忡忡。雖然華為已經遠遠超越中國企業的平均壽命很多年，但華為依然有隨時死亡的可能。

將來的華為還能不能隨時保持「向死而生」的奮鬥心態，這是最令人擔憂的。

2 中美貿易戰中的任正非

中美貿易戰中，美國總統川普成了反覆無常的川劇「變臉」大師。川普何以敢挑起中美貿易爭端，乃至向全世界開戰？

美國新經濟只是富了華爾街，實惠並沒有落到美國民眾頭上，相反地，他們的生活水準反而有所下降，工廠外遷導致大批勞工失業。

川普競選時，表示要「雇用美國人，用美國貨」，讓「製造業回流」，給美國人帶來工作機會，以此吸引到大批選票，成功入主白宮。川普給美國人民吹出了巨大的泡沫願景，希望讓製造業和資本回歸美國，其實是在與大趨勢作對，要喝令江河倒流。

製造摩托車的哈雷公司想把工廠從坎薩斯轉移到泰國，川普非常憤怒，表示「這將會是末日的開始」，恐嚇哈雷公司「會被徵收前所未有的高額重稅」。前總統歐巴馬就很清楚：「那些（已經離開美國本土的）工作，再也不會回來了。」（Those jobs aren't coming back.）如同前幾年大批外資工廠和中國企業遷往東南亞，不會再回流中國一樣。

資本和企業家天生逐利，絕不會受制於政治的脅迫和大眾的乞求，川普只好另闢蹊徑。

「美國優先」，使得貿易保護主義持續在全球蔓延。在中美貿易長期逆差的背景下，以貿易保護為特色的保守主義將成為美國較長期的貿易政策，中國與美國的貿易爭端也將繼續存在下去。華為的民營企業性質，並不會讓進入美國的難度降低多少。華為要進入美國，注定前路坎坷，但只要能進入，美國迎來的必將是鋪天蓋地的衝擊。

中興事件給中國製造業敲響了警鐘。沒有核心技術，隨時會受到上游公司的威脅，便無自信跟美國公司挑戰，只能乖乖地服從人家的判罰。

小時候艱苦日子的教訓、代理交換機被卡的經歷，讓任正非始終存著「別人有不如自己有」的想法，所以，市場要有，營業額要有，利潤要有，管理要有，核心技術也要有，不然睡不安穩。因此面對中美貿易戰，華為雖然也受影響，也著急，但任正非不慌，他相信「內外合規」的華為一定可以邁過這道坎。

「總有一天我們會反攻進入美國的，什麼叫瀟灑走一回？光榮走進美國。」儘管屢遭阻截，二〇一三年，任正非對於進入美國市場依舊信心滿滿，豪情萬丈。自信來自實力，也來自任正非早有預感，早早做好了準備。

二〇一四年，任正非在ＩＰ交付保障團隊座談會上說：「我們要清醒認識到，未來一定會有一場智慧財產權大戰，我們要構築強大的智慧財產權能力，來保護自己不被消滅，但我們永遠不會利用智慧財產權去謀求霸權。當我們想從這裡謀取利益，實際就開始走向死亡。」

兩年後，任正非的預感更加強烈，他在市場年中會議上給全體華為人提出要小心「黑天鵝」：「未來三至五年，公司存在很大的風險，華為公司必須遵紀守法，以法律遵從的確定性，應對國際政治的不確定性。整個世界風雲變幻，但是我們能確定自己遵紀守法，在世界各國都不要違反法律。」、「子公司董事要敢於暴露問題，管理好內外合規邊界。不要觸犯規矩，不要行賄，不受賄，內部不要滋生腐敗，對外不要觸犯當事國法律、聯合國法律，在敏感地區不要觸犯美國法律。」

果然，二〇一八年，危機到來了。

四月，任正非面對記者的提問，一派淡然：「影響是必然存在的，作為企業要慢慢去克服。這幾十年來我們不僅遵守各國法律、聯合國決議，也尊重美國的域外管轄權。市場不買我們的產品，這是客戶的選擇，很正常。如果說我們威脅到美國國家安全，理由是什麼？事實是什麼？證據是什麼？美國是個法治國家，處理問題也最終會講事實和證據的。我們沒有錯誤，如果只是謠傳或誤解，不那麼客觀，我們也不會太在意。」中美貿易戰爆發後，有些人呼籲拒用高通晶片，以此反擊美國。

「平等的基礎是力量。」任正非顯然更瞭解實際情況，不會意氣用事。「我們要正視美國的強大，看到差距，堅定地向美國學習，永遠不要讓反美情緒主導我們的工作。在社會上不要支持民粹主義，在內部不允許出現民粹，至少不允許它有言論的機會。全體員工要有危機感，不能盲目樂觀，不能有狹隘的民族主義。」、「我們與美國之間的差距，估計未來二十至三十年，甚至五十至六十年還不能消除，美國領先世界的能力還很強。但是，我們要將差距縮小到『我們要能活下來』。以前這是最低綱領，現在這是我們的最高綱領。」

成立於一九八五年的高通，只比華為大兩歲，憑藉其專利技術，成為今天市場上難以逾越的壁壘。目前階段，中國本土晶片的需求和供應存在巨大缺口，中國企業不用高通晶片是不切實際的。

二〇一八年，華為計畫購買高通五千萬套晶片：「我們永遠不會走向對立的，我們都是為人類在創造。我們與英特爾、博通、蘋果、三星、微軟、谷歌、高通……會永遠是朋友的。」

不為外物所動謂靜，不為外物所實謂虛。有自信的任正非並沒有被中美貿易戰打亂陣腳。

華為的「達芬奇計畫」正按部就班地進行，之後注定要在AI伺服器晶片領域挑戰英偉達的王者地位。這就是任正非，有著長遠的目標，卻毫無驕橫和急功近利之心，具備「烏龜精神」緊守內心，持續努力，並有狼群堅忍不拔的精神。

3 下一個「任正非」：接班人問題

二〇一八年對華為來說是三十而立，華為也公布了最新一屆的董事會成員名單：

孫亞芳辭任董事長，原監事會主席梁華接過帥印。任正非卸任副董事長，由其女孟晚舟接任。而輪值CEO制度也改爲輪值董事長制度。

目前，華為新一屆董事長為梁華；副董事長為郭平、徐直軍、胡厚崑、孟晚舟；常務董事為丁耘、余承東、汪濤。華為董事會確定副董事長郭平、徐直軍、胡厚崑擔任公司輪值董事長。

任正非雖然僅僅擔任董事，但他並未退休，依然對華為有著實際掌控力。

「老人治國」終究是個大問題，華為將來也一定會迎來「後任正非時代」。任正非之後，誰能掌舵華為，帶領這艘「航空母艦」繼續航向勝利？

二〇一三年，華為就有過「接班人」的傳聞，各種陰謀論滿天飛。任正非不得不在員工代表大會上特別澄清：

> 公司不是我個人的，因此接班人不是我說了算，而是大家說了算。
>
> 華爲的接班人，要具有全球市場格局的視野，交易、服務目標等執行能力；以及對新技術與客户需求的深刻理解，而且具有不故步自封的能力。
>
> 華爲的接班人，還必須有點到點對公司巨大數量的業務流、物流、資金流……簡化管理的能力。
>
> 這些能力我的家人都不具備，因此，他們永遠不會進入接班人序列。

任正非並不諱言接班人問題，在他看來，接班人會自己誕生，不用挑選。「如何能夠培養一批優秀幹部，在歷史的關鍵時刻站到第一線去？這是我們的命題。因為華為遲早要面臨接班問題，人的生命總要終結。華為最偉大的一點是建立了無生命的管理體系，技術會隨著時代發展被淘汰，但是管理體系不會。」只要堅守了管理體系，接班人是誰，問題並不大，「不同時期有不同的人衝上來，最後就看誰能完成這個結果，誰能接過這個重擔，將來就由誰來挑」。

「接班人不是為權力、金錢來接班，而是為理想（為社會做貢獻）接班。只要是為了理想接班的人，就一定能領導好，就不用擔心他。如果他沒有這種理想，當他撈錢的時候，他下面的人很快也是利用各種手段撈錢，這公司很快就崩潰了。」這是任正非給華為塑造的一條可持續不斷自我進化的未來之路。

多年前，任正非就曾很有自信地說：「相信華為的慣性，相信接班人的智慧。」這就是華為的慣性，也是華為的大勢，更是任正非的自信。退休之後做什麼？幾年前，任正非就有了自己的打算：

我人生最喜歡的事情並不是電子，我也不是學電子的。我的人生目標其實就是開個咖啡廳，但是要高檔一些；或者一個餐館，或者一個農場。這是一個很小的資本圈，我喜歡哪個幹部，就把哪個幹部提高一點，自己說了算，比如說，讓他做店長，讓他在農場管牛。

什麼時候退休呢？任正非並沒有給出一個明確的時間點：「我哪一天退休，取決於接班團隊他們哪天不需要我了。」

二〇一七年，任正非提出「從鐵的奮鬥洪流中選拔成千上萬的接班人」，破格提拔「四千多人」，這樣經過兩三年，在競爭和衝撞中，就會有一批有視野、有戰鬥力、有魄力的「小接班人」出現，之後慢慢成長為大樹。將來的事情，交給下一代人自己去解決。

希望我們能夠見證華為在將來，開創新的勝利。

第九章

任正非給年輕人的五堂課

我們也絕不在困難面前退縮，也不在負面議論中猶豫，不然大軍突然轉向會一片混亂。千軍萬馬必須謀定而後動，大戰役也無密可保，我們現在就是徵求意見：方向對不對，時間是不是到機會點了，二十多年來我們儲備的能量夠不夠，戰略後備部隊的前仆後繼有沒有準備好，有沒有挫折時的備案……即使有了正確的戰略，我們現在的各級主管與專家有沒有膽略？當然，我們也會在行進中不斷完善，從機制和制度上，全面構建自我批判的能力，通過自我批判不斷糾正方向。特別是決心形成的未來兩三年中，我們會不斷地聽取所有批評，不斷糾偏。我們的組織變革、流程變革要支援我們的戰略。變革應使實現目標更簡單，更快捷，更安全。勝利鼓舞著我們。我們一定會勝利的，因爲我們的面前是「蚊子龍捲風」、「牽手」……背後是十幾萬英勇的員工，我們沒有不成功的理由。

——二〇一六年五月三十日，任正非在全國科技創新大會上的報告

1 任正非談創新

知識經濟時代，企業生存和發展的方式也發生了根本的變化，過去是靠正確地做事，現在更重要的是做正確的事。過去人們把創新看作冒風險，現在不創新才是最大的風險。

我們只允許員工在主航道上發揮主觀能動性與創造性，不能盲目創新，分散了公司的投資與力量。非主航道的業務，還是要認真向成功的公司學習，堅持穩定可靠運行，保持合理有效、盡可能簡單的管理體系。要防止盲目創新，四面八方都喊響創新，就是我們的葬歌。

作為大企業，首先還是要延續性創新，繼續發揮好自己的優勢。不要動不動就使用社會時髦語言「顛覆」，小公司容易顛覆性創新，但作為大公司不要輕言顛覆性創新。公司現在也對顛覆性創新積極關注、回應，實際是讓自己做好準備，一旦真正出現機會，我們就要撲上去抓住機會。

華為堅決不能有激進的改革，任何東西都有繼承性，要緩慢地改變。存在就是合理。我們不要用理想化的改革，亂變動現實。我一貫是「改良」，而不是「改革」。我們可不要再幻想徹底推倒一切重來，這是口號，不是真正的商業模式。十進位的改革是不會有效果的，我不在乎別人如何改革，我們不能這樣做。

只有安靜的水流，才能在不經意間走得更遠。

我們人的思維就是一根一根的線，如果做一件事總結一下，就等於打了一個結，多打幾個結就是一個網，就可以用來網魚。人生多研究、多總結，打的結就愈來愈多，就是一張大漁網，可以網大魚。

當我們一家獨大的時候，就是我們的死亡之時。要成長為對待同業的謙謙君子，我們要用謙謙君子的風度與世界合作。

心胸有多寬，天下就有多大。這個時代，如果說我們系統能夠做很好的開放，讓別人在我們上面做很多內容、做很多東西，我們就建立了一個大家共贏的體系。

我們沒能力做仲介軟體，做不出來，我們的系統就不開放，是封閉的，封閉的東西遲早都要死亡的。

我們不強調自主創新，我們強調一定要開放，我們一定要站在前人的肩膀上，去摸時代的腳。我們還是要繼承和發展人類的成果。

網路是個實現工具，我們的目的是發展實業，解決人們的生存、幸福問題。實業是就業和社會穩定的基礎。

科研本來就是試錯的過程，沒有試錯哪會有創新？創新本來就是不容易的事情，如果每次創新都會成功，那也就不是創新了。所以能夠創新成功的項目本身就少之又少，一旦成功也就是天才了。我們鼓勵創新，就要接納創新失敗，如果一旦失敗，或者犯錯，就被淘汰或被貼上標籤，就不會有人敢去創新。華為會包容創新上的失敗，不會因為失敗而否定大家。

創新就是釋放生產力，創造具體的財富，從而使中國走向繁榮。虛擬經濟是工具，工具是鋤頭，不能說我使用了五六十把鋤頭就怎樣了，鋤頭一定要種出玉米，玉米就是實體企業。我們還得發展實體企業，以解決人們真正的物質和文化需要為中心，才能使社會穩定下來。

2 任正非談奮鬥

主管要有主動求戰、求勝的欲望，要有堅如磐石的信念，具備堅強的意志和自我犧牲精神。美國的兩個主力作戰師——一〇一師和八二師，為了爭奪榮譽，士兵甚至會打架。如果大家平穩成一碗水，看似很理性，但是沒有活力，這樣的主官就要被淘汰。主官一定要有自豪感、榮譽感，一定要勝利。

搶占上甘嶺，主官首先要「剃頭宣誓」，誓死奮鬥。我們的主官剃個頭，振臂一呼，槍一響，上戰場，誰會不跟你衝？「跟我衝」與「給我衝」，是兩種不同的領導方式。以後要先找到領頭人，再立項（批准成立工程項目），沒有合適的人，別立項。

我找一個主官說你來做這個項目，主官一上來先討價還價，這樣是不能做出世界一流的產品的。為什麼我們很多的改革是半途而廢？除了ＩＦＳ（集成財務轉型），財經從頭打到尾以外，很多改革都是改到一半，改革者跑了，這就是機會主義者，以後不允許機會主義者在我們公司裡擔責。

華為價值評價標準不要模糊化，堅持以奮鬥者為本，多勞多得。你做得好，多發錢，我們不讓雷鋒吃虧，雷鋒也要是富裕的，這樣人人才想當雷鋒。

在人生的路上，我希望大家不要努力去做完人。一個人把自己一生的主要精力用於改造缺點，等你改造完了對人類有什麼貢獻呢？

我們所有的辛苦努力，不能對客戶產生價值，是不行的。從這個角度來說，希望大家能夠重視自己優點的發揮。當然不是說不必去改造缺點。

為什麼要講這句話呢？完人的心理負荷太重了，大多數抑鬱症的患者，包括精神病患者，他們中的大多數在社會中是非常優秀的人，他們絕不是一般人，一般人得不了這個病，就是因為太優秀了，給自己定的目標太高了，這個目標實現不了，而產生了心理壓力。

我不是說你不可以做出偉大的業績來，我認為最主要的是要發揮自己的優勢，實現比較實際的目標。這樣心理的包袱壓力才不會太重，才能增強自己的信心，當然這個信心包括活下去的信心、生命的信心。

沒有正確的假設，就沒有正確的方向；沒有正確的方向，就沒有正確的思想；沒有正確的思想，就沒有正確的理論；沒有正確的理論，就不會有正確的戰略。

抓住了戰略機會，花多少錢都是勝利；抓不住戰略機會，不花錢也是死亡。節約是節約不出華為公司的。

我們年輕人不僅僅要有血性，也要容許一部分人溫情脈脈，工作慢條斯理，執著認真，做好狽（狼屬，與狼相附而行）的工作。「一切為了勝利」是我們共同的心願。這就是「狼狽」合作的最佳進攻組織。

3 任正非談人才

下一步人力資源的改革，歡迎懂業務的人員上來，因為人力資源部門的人如果不懂業務，就不會識別哪些是優秀幹部，也不會判斷誰好誰壞，就只會透過增加流程節點來追求完美。

我們要不拘一格地選拔任用一切優秀分子，不要問他從哪裡來，不要問他有何種經歷，只要他適合攻擊「上甘嶺」（各部門、各專業、各類工作……不要誤解為只有獲取合約才是「上甘嶺」）。

我們對人才不要求全責備，求全責備優秀人才就選不上來，「完人」也許做不出大貢獻。

菁英，我們不要理解為僅僅是金字塔塔尖的一部分，而是存在於每個階層、每個類別，有工作的地方就有菁英。做麵條有麵條菁英，焊接菁英、咖啡菁英、支付菁英、簽證菁英、倉庫菁英……。

少年強則中國強，華為也要有少年英雄，要讓有朝氣、有活力、敢闖敢做的優秀人才脫穎而出。霍去病是中國最有名的征西將軍，打完江山才二十幾歲。對比研發目前的職級，你們給他這個年紀的人定多少級？十七級嗎？他應該是上將軍，十七級才相當於校官。深圳有一個學生十四歲讀大學，現在是MIT的博士，他已經在Nature上發表了兩篇關於石墨烯的論文。這樣的人才如果招到公司，能不能給他十九級、二十級？現在研發團隊十九級員工平均年齡居然接近四十歲，這樣升級的速度太慢了，要設法改變。現在升級速度慢，說明我們沒錢。招到領袖來就能多賺錢，多賺了錢，怎麼就不能給少年封個連長？如果少年英雄到不了華為，就是我們的機制有問題。

職級低的年輕人也可以當主管，管理職級高的人。我們不提倡論資排輩，我們需要的是能帶領部隊衝「上甘嶺」的人。十七級、十八級、十九級是主力作戰部隊，要將他們放在主力作戰崗位上，擔任主攻任務，不要把他們拉去搞非生產力的活動。要敢於早一點把合適的人提到相應的位置上，優秀的人員應該在三十歲左右升到十七至十九級。我去了一個代表處，聽說這個代表才二十六歲，一年升了四級，升到十八級，非常鼓舞士氣。我很高興人才輩出。破格提拔就是這樣，新生力量不斷上升，代表著一種正氣不斷上升。

在高速發展時期，我們提倡才德兼備。有很多有才幹的人，我們還沒看清楚，就把這匹「千里馬」關到豬圈裡，豬圈是不可能產生千里馬的。所以一定要讓他先跑，一定要讓他去做，不給他提供這樣一個充分發展的環境，是不能判別他在這種環境中是否經受得起考驗的。所以，必須把人放到實際環境中去鍛鍊、去改造、去加強修養。

華為在未來的雲裡面不知會冒出來多少你看不見的領袖，別予以打壓，說不定這個人就是梵谷，就是貝多芬……我們正走在大路上，要充滿信心，為什麼在小路上走的人我們就不能容忍？誰說小路不能走成大路呢？你想要做霸主，就要容得天下可容納的東西，你們要容忍在核心網裡面出現異類。

4 任正非談管理

讓聽得到炮聲的人來呼喚炮火，一定要大道至簡，一定要分層、分級授權，使管理標準化、簡單化。一定要減少會議，簡化考核，減少考試，不能用學生式的管理方式進行管理，更不能按考試得分決定薪酬。主要精力要集中在產出糧食上，按貢獻評價人。

光是物質激勵，就是僱傭軍，僱傭軍作戰，有時候比正規軍厲害得多。但是，如果沒有使命感、責任感，沒有這種精神驅使，這樣的能力是短暫的，只有正規軍有使命感和責任感，驅使他們能長期作戰。

我們常常說，一個領導人重要的素質是方向、節奏。他的水準就是合適的灰度。一個清晰的方向，是在混沌中產生的，是從灰色中脫穎而出的，方向是隨時間與空間而變的，它常常又會變得不清晰。並不是非白即黑、非此即彼。合理地掌握合適的灰度，是使各種影響發展的要素能在一段時間內保持和諧，這種和諧的過程就叫妥協，這種和諧的結果就叫灰度。

明智的妥協是一種讓步的藝術，妥協也是一種美德，而掌握這種高超的藝術，是管理者的必備素質。

只有妥協，才能實現「雙贏」和「多贏」，否則必然兩敗俱傷。因為妥協能夠消除衝突，拒絕妥協，必然是對抗的前奏；我們各級幹部要真正領悟妥協的藝術，學會寬容，保持開放的心態，就會達到灰度的境界，就能夠在正確的道路上走得更遠，走得更扎實。

寬容是領導者的成功之道。

任何管理者，都必須同人打交道。有人把管理定義為「透過別人做好工作的技能」。一旦同人打交道，寬容的重要性立刻就會顯現出來。人與人的差異是客觀存在的，所謂寬容，本質就是容忍人與人之間的差異。不同性格、不同特長、不同偏好的人能否凝聚在組織目標和願景的旗幟下，靠的就是管理者的寬容。

寬容別人，其實就是寬容我們自己。多一點對別人的寬容，其實，我們生命中就多了一點空間。

寬容是一種堅強，而非軟弱。寬容所體現出來的退讓是有目的、有計畫的，主動權掌握在自己的手中。無奈和迫不得已不能算寬容。

我們在管理上，永遠要朝著「以客戶為中心」、聚焦價值創造、不斷簡化管理、縮小期間費用而努力。任何多餘的花費，都是要由客戶承擔支付的，愈來愈多的裝飾，只會讓客戶遠離我們。因此，我們必須確知任何變革都要看近期、遠期是否能夠增產糧食。

強化內部管理，扎扎實實建好大平臺的五臟六腑，才不會得癌症。

既然我們已經選擇了修「萬里長城」，中間就不能隨心所欲抽掉任何一塊磚，每塊磚都要結實。我們不要羨慕別人當期就掙錢了，踏踏實實地把基礎做好。長城上空飄著的雲，風一吹就散了，做不做或做多少都沒那麼嚴重。華為千萬不要把自己虛化，我們要靜下心來，集中優勢，將大平臺的五臟六腑做扎實，就可以有戰略性的不可替代，否則要是得了癌症，必死無疑。

企業經營者需要特別關注盈利，企業如果沒有盈利能力，就無法獲得持續的注入，也就無法獲得有效的發展。如果從經濟學的角度來說，企業內部的一切都是成本，每一個目標都存在著風險，甚至存在著大出血的危機。如果專案目標本身無法盈利，無法用自己的績效來支撐自己的發展，企業就會很容易處在一種岌岌可危的狀態，這是絕對不允許的。

5 任正非談未來

我們一定要做到網路極簡，實現極速、寬頻、視頻引領這個世界（極致體驗）。

關注車聯網技術開發，能源要聚焦於做好部件。在無人駕駛上，我們不可能稱霸世界，稱霸世界一定要掌握資料，我們沒有優勢，我覺得聚焦在車聯網上，可能還可以稱霸。車聯網技術要開發，利用車聯網實現無人駕駛是其他公司的事情。能源方面我們要往小功率做，往手機裡做，往模組裡做，來實現超越。公司原來投資分散有我的責任，EMT批評我說過的話，「只要有更高利潤能養活自己就行」。我檢討，過去的事我承擔責任。

筆記型電腦要走向高階化，減少低階化。

重視低階手機。這個世界百分之九十幾都是窮人，同業的低階手機有窮人市場，不要輕視他們。華為也要做低階機，我們的老產品汰換下來可能就是低階機。

未來二三十年內，世界一定會爆發一場重大的技術革命。這個革命的特徵：第一，石墨烯等（黑磷／磷烯）的出現，電子技術發生換代式的改變。但是石墨烯沒有實際運用之前，其實我們在矽片上也是可以用疊加、並聯的方案來突破物理極限。第二，人工智慧的出現，造成社會巨大的分流，而人類社會也正因人工智慧而變化。生產模式人工智慧化以後，簡單重複性勞動力就不需要了，需要比較高的文化素質，所以教育很重要。當人類社會適應人工智慧的時候，西方國家和中國這樣的發展中國家沒有工業成本差距，這就是一個新時代的改變。我們如果要趕上新時代的改變，首先要改變教育結構，一定要讓孩子們都有文化、有知識，懂專業、會操作。第三，生物技術的突破，將會帶來巨大的資訊社會變化，而且這個邊界會愈來愈模糊。當母語的邊界也模糊的時候，連物理的邊界也會模糊。

在這個時代，我們不僅要重視統計學、系統工程、控制論、神經學等各種專業，更要重視哲學。因為未來發展過程中，這些學科都會發揮巨大作用，而不是以單純的機械技術觀點發揮作用。學哲學，不會馬上體現出商業價值，但就像東北的土地，如果不開墾、不播種，黑土地就是黑土地。哲學是黑土地，系統工程、統計學等這些都是黑土地。

過去二三十年，人類社會走向了網路化；未來二三十年是資訊化，這個時期會誕生很多偉大的公司，誕生偉大公司的基礎就是保護智慧財產權，否則就沒有機會，機會就是別人的了。

未來二三十年，人類將進入人工智慧社會。面向新的時代，華為致力於把數字世界帶入每個人、每個家庭、每個組織，構建萬物互聯的智慧世界。

華為現在的水準尚停留在工程數學、物理演算法等工程科學的創新層面，尚未真正進入基礎理論研究。隨著逐步逼近香農定理、摩爾定律的極限，而對大流量、低延時的理論還未創造出來，華為已感到前途茫茫，找不到方向。華為已前進在迷航中。重大創新是無人區的生存法則，沒有理論突破，沒有技術突破，沒有大量的技術累積，是不可能產生爆發性創新的。

華為正逐步攻入業界的無人區，處於無人領航、無既定規則、無人跟隨的境地；華為跟著人跑的「機會主義」高速度，會逐步慢下來，創立引導理論的責任已經到來。

Big 0328

除了贏，我無路可退：華為任正非的突圍哲學

作　者—周顯亮
主　編—陳家仁
編　輯—黃凱怡
特約編輯—巫立文
企劃編輯—藍秋惠
封面設計—陳恩安
版面設計—黃于倫
內頁排版—李宜芝

總 編 輯—胡金倫
董 事 長—趙政岷
出 版 者—時報文化出版企業股份有限公司
108019 臺北市和平西路三段 240 號 4 樓
發行專線—(02)2306-6842
讀者服務專線—0800-231-705・(02)2304-7103
讀者服務傳眞—(02)2304-6858
郵撥—19344724 時報文化出版公司
信箱—10899 臺北華江橋郵局第 99 信箱
時報悅讀網—http://www.readingtimes.com.tw
法律顧問—理律法律事務所 陳長文律師、李念祖律師
印　刷—勁達印刷有限公司
初版一刷—二〇二〇年五月二十九日
定　價—新臺幣三八〇元
（缺頁或破損的書，請寄回更換）

時報文化出版公司成立於一九七五年，
並於一九九九年股票上櫃公開發行，於二〇〇八年脫離中時集團非屬旺中，
以「尊重智慧與創意的文化事業」爲信念。

除了贏，我無路可退：華爲任正非的突圍哲學 /
周顯亮著 . -- 初版 . -- 臺北市 : 時報文化 , 2020.05
320 面 ; 14.8×21 公分 . -- (Big ; 328)

ISBN 978-957-13-8194-7(平裝)

1. 華爲技術有限公司 2. 企業管理

494 109005499

原著：任正非：除了勝利，我們已無路可走 / 周顯亮 著
聯合讀創（北京）文化傳媒有限公司出品

ISBN 978-957-13-8194-7
Printed in Taiwan

本書良好傳達在任正非的領導下，如何結合傳統的創業精神與現代的企業管理，堅守與延續華為這個從平地建起，直達天際的高塔。

——王怡人／JC趨勢財經觀點

華為的崛起與發展，反映出中國大陸在全球科技產業版圖的演變。不同於一般人印象中的科技新貴，華為創辦人任正非是在44歲才被迫走上創業這條路，稱得上是典型的「破釜沉舟」。閱讀本書除了可以一窺這個中國品牌，如何走向世界舞台，也能了解任正非如何一次又一次突破困境、走出重圍。

——吳育宏／B2B業務專家、BDO管理顧問副總經理

5G霸主從6人公司到海放全球的登峰告白

為什麼任正非願意把99%的股份分配給員工?

華為內部的二次「大辭職」背後隱藏著什麼含意?

為什麼華為的工程師要把海灘上的海龜一隻隻翻身又翻回來?

華為如何從「戰狼」變「大象」?

任正非如何看待未來5G市場的發展?

「後任正非時代」華為將由誰來接班?

一個44歲的男人丟了工作,妻子求去,上有年邁雙親、下有一對兒女要照料,他背水一戰投入通信產業。30多年後,他創造了奇蹟!從看人臉色的代理商,到技術強碾美國的5G霸主;從6人公司到18萬人;從2萬元人民幣到6000多億人民幣;從深圳到全世界。

全方位剖析任正非的用人、創新、管理、制敵策略

時報悅讀網
ISBN 978-957-13-8194-7 (494)
DHD0328 NT$380
建議分類:商業理財

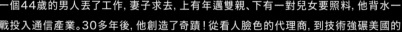